实践深度学习

前向网络株式会社　监修

［日］藤田一弥　高原 步　著

林明月　译

机 械 工 业 出 版 社

本书共6章，第1章主要介绍深度学习必备的器材、操作系统及中间件的安装方法；第2、3章解读了深度学习示例中的基本术语；第4章则通过示例程序说明了VGG-16、ResNet-152的具体操作方法，并给出了提升估测精度的方法。而第5章介绍了基于26层网络的Yolo和有助于医学图像目标识别的U形23层网络模型。第6章以训练擅长井字棋游戏的计算机为例，全面展示了强化学习的操作方法。

本书适合作为深度学习初学者的学习参考书，也适合作为图像识别领域从业者和工程师的参考用书。

图书在版编目（CIP）数据

实践深度学习/（日）藤田一弥，（日）高原步著；林明月译．—北京：机械工业出版社，2020.7
ISBN 978-7-111-65924-2

Ⅰ.①实…　Ⅱ.①藤…②高…③林…　Ⅲ.①机器学习　Ⅳ.①TP181

中国版本图书馆CIP数据核字（2020）第107528号

机械工业出版社（北京市百万庄大街22号　邮政编码100037）
策划编辑：任　鑫　责任编辑：任　鑫
责任校对：张　薇　封面设计：马精明
责任印制：张　博
三河市国英印务有限公司印刷
2020年10月第1版第1次印刷
184mm×240mm・12.75印张・280千字
0001—2200册
标准书号：ISBN 978-7-111-65924-2
定价：69.00元

电话服务	网络服务
客服电话：010-88361066	机　工　官　网：www.cmpbook.com
010-88379833	机　工　官　博：weibo.com/cmp1952
010-68326294	金　书　网：www.golden-book.com
封底无防伪标均为盗版	机工教育服务网：www.cmpedu.com

译　者　序

深度学习（Deep Learning，DL）是机器学习（Machine Learning，ML）领域中一个新的研究方向，近年来引起了人们的广泛关注。尤其是其在语音和图像识别方面取得的成果，远远超过了先前的相关技术，为人工智能的进一步实现提供了坚实的基础。

图像识别作为人工智能的关键技术之一，被广泛应用于电子商务、游戏、汽车、制造业和教育领域等多种场景，为人们的生活提供了极大的便利。本书作者前向网络（Forward Network）株式会社的董事长藤田一弥和 Hadoop 认证开发管理员高原 步从实践的角度出发详细地介绍了如何利用深度学习实现图像识别。

本书从深度学习方法出发，由浅入深地介绍了图像识别中的神经网络模型、深度学习的操作流程、图像分类的训练模型、图像目标检测模型以及强化学习等知识，并将这些知识与五大深度学习开源框架相结合，应用于实践。本书不仅聚焦知识的学习，而且在各环节中还倡导并引导读者动手实践，由此可大大降低读者对深度学习算法复杂难懂的印象，帮助读者快速实现深度学习的入门和进阶。

本书共 6 章，具体内容如下：

第 1 章主要介绍了国际上在图像识别领域取得的研究成果，以及本书使用的软硬件信息。

第 2 章介绍了图像识别领域的网络模型，包括常见的卷积神经网络（CNN）等。

第 3 章介绍了深度学习的操作流程，以及本书使用的基本术语，可帮助读者进行快速知识查阅。

第 4 章通过深度学习模型机，使用 VGG-16、ResNet-152 训练模型进行图像识别分类的实际训练。

第 5 章介绍了更为精细的目标检测，全面展示了基于 26 层模型的估测目标定位、尺寸及种类的方法。

第 6 章则通过井字棋游戏介绍了基于深度学习的强化学习方法。

本书在翻译的过程中，得到了多位同事和朋友的帮助与支持，在此表示衷心的感谢。

由于时间仓促，加之译者水平有限，书中若有不当和错漏之处，恳请广大读者指正批评。

译者

原书前言

数年后，无人驾驶汽车也许不再是天方夜谭，而将变成日常生活中的常态现象。这一现象的背后必然有数种高精尖技术的支持。首先是实现精准传感功能的图像识别技术，其次是机器人模仿人类的高度精准估测的强化学习技术。本书旨在围绕上述两大技术，通过基于深度学习的示例程序演示，向读者介绍操作性强的入门知识。

深度学习在国际上早已迈入业务应用和实践阶段。Kaggle 是创办于美国的国际性数据竞赛平台。在该平台的图像类比赛中，越来越多的参赛队伍搭建了基于深度学习的模型来提升估测精度。

图像分类领域里已训练出了 1000 层的深度学习网络。利用 VGG-16（16 层）、ResNet-152（152 层）等开源预训练模型（pre-trained model）进行微调（Fine-tuning）已成为近年来的主流方案。结果证明，预训练模型的使用有助于图像分类的高效实现。

本书第 4 章“图像识别分类”将通过示例程序向读者说明 VGG-16、ResNet-152 的具体操作方法。在第 5 章“目标检测”将介绍基于 26 层网络的 Yolo 和有助于医学图像目标识别的 U 形 23 层网络模型。这其中包括了提升估测精度的方法，即由根特大学和 Google DeepMind 公司共同组建的联合参赛队在 2015 年 3 月 Kaggle 海洋浮游生物分类比赛中斩获桂冠所采用的方法。

本书中的内容主要基于深度学习库 Keras（Python）实现。Keras 自 2015 年 3 月开源后，因其易用性广受欢迎。基于 Keras，

```
model.fit(X_train, Y_train, nb_epoch = 10, batch_size = 64, shuffle = True)
```

一行指令即可自动实现前向传播、误差计算和反向传播。常用于图像处理的卷积操作设置也仅需键入

```
conv1 = Convolution2D(32,3,3,activation='relu',border_mode='same')(inputs)
```

一行指令即可。除 Keras 外，本书还将对全球范围广泛使用的 Torch（Lua）以及由日本开发的 Chainer（Python）的安装及使用方法进行介绍。其中，第 6 章“强化学习”中的示例都是基于 Chainer 运行实现的，约 6min 即可训练出擅长井字棋游戏（Tic-tac-toe）的智能计算机。

由于深度学习在计算参数时涉及矩阵运算，因此需要图形处理器（Graphics Processing Unit，GPU）的参与。本书不仅会教授读者如何把个人游戏计算机改造为深度学习机器，还会详细介绍机器改造后该如何使用。

本书第 1 章主要介绍深度学习必备的硬件环境、操作系统及中间件的安装方法，第 2、3 章主要解读深度学习示例中的基本术语。第 4 章后将通过操作演示示例程序，介绍基于深

度学习技术的图像识别及强化学习。

第 4 章后使用的示例程序可在 Ohmsha 的主页上下载后直接使用。通过对示例程序的试用练习，可加深对深度学习的理解，还可学到提升估测精度的操作方法。

深度学习之名可能容易给人留下逻辑算法复杂难懂的印象，但实际上不足为惧。阅读本书，学习知识的同时动手实践实为本书之旨。

借出版之际，谨对邀请我们执笔此书的 Ohmsha 的各位同仁表示衷心的感谢。

藤田一弥

高原 步

2016 年 11 月

目　　录

第 1 章　本书概要及准备工作

本章将向读者介绍深度学习的成果，并概述本书涉及的深度学习内容及相关应用软件。因深度学习应用中需要使用图形处理器（GPU），所以本章还会介绍利用搭载 GPU 的游戏计算机搭建深度学习计算机的方法。

1.1　本书概要

1.1.1　深度学习的成果

深度学习（Deep Learning）是机器学习的一种，因其高效实现了传统方法无法解决的问题，近年来备受瞩目。

在语音识别领域，2011 年采用深度学习技术的语音识别，其误字率较传统方法降低了 20% ~30%[一]。

在图像分类领域，2012 年利用深度学习技术的图像分类法极大地提高了分类任务的性能[二]。

图像识别分类是指估测图像拍摄物体并自动判断图像所属分类的方法。例如，图 1.1 中的动物就被自动划分为“豹”[二]。

图 1.1　图像分类示例

ILSVRC[三]是 2010 年发起的，每年举办一次的大规模视觉识别挑战赛。该赛事的大规模图像分类估测精度逐年递增。图 1.2 是 ILSVRC 识别错误率的年度推移图[四]。

2012 年采用深度学习技术后，识别错误率从 25.8% 降低至 16.4%，直降 9.4%。

在 2012 年 ILSVRC 竞赛中一举夺魁的是 8 层神经网络模型 AlexNet。随着多层神经网络的不断推进，2014 年 19 层模型的 VGG

[一] Frank Seide, Gang Li, Dong Yu: Conversational Speech Transcription Using Context Dependent Deep Neural Networks, INTERSPEECH 2011, pp 437-440, 2011。

[二] Alex Krizhevsky, Ilya Sutskever, Geoffrey E. Hinton: ImageNet Classification with Deep Convolutional Neural Networks. In Advances in Neural Information Processing Systems (NIPS), pp 1097-1105, 2012。

[三] The ImageNet Large Scale Visual Recognition Challenge, http://www.image-net.org/challenges/ILSVRC/.

[四] 出自：Convolutional Neural Networks for Visual Recognitoin, Lecture7, p 78。

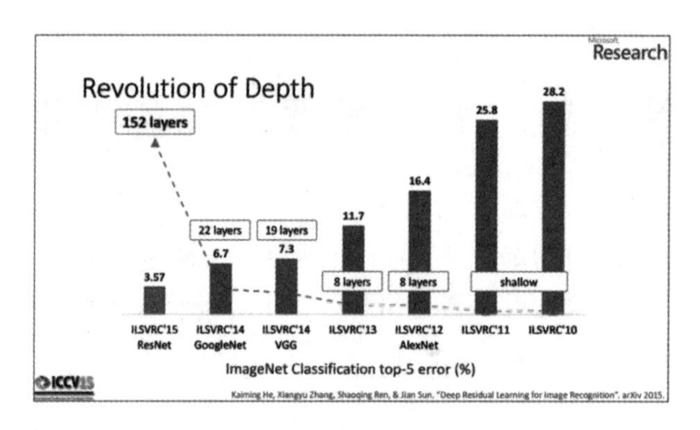

图 1.2　ILSVRC 识别错误率的年度推移图

和 GoogLeNet（22 层）面世。2015 年比赛中摘得桂冠的模型采用了 152 层的 ResNet，其识别错误率仅为 3.57%，已远超人类肉眼的识别能力。

图 1.3 是 GoogLeNet 网络结构图[⊖]，图中可见其多层神经网络结构。

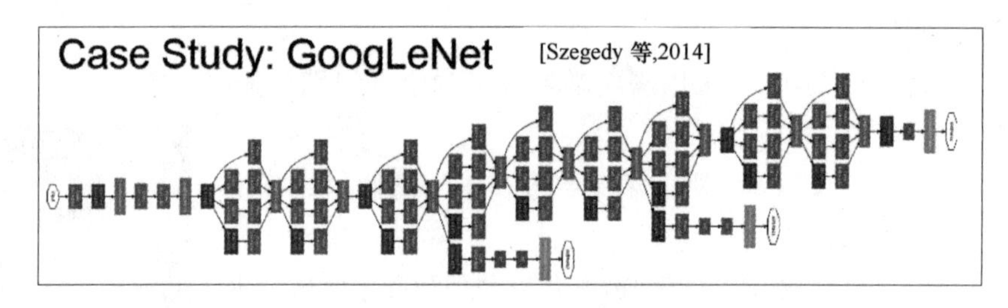

图 1.3　GoogLeNet 网络结构图

2016 年 3 月，采用深度学习技术的“AlphaGo”战胜了韩国顶尖职业围棋手。AlphaGo 是基于强化学习技术搭建的人工智能体，随着训练的不断深入，其棋艺水平越加精湛。

深度学习能够取得上述成果，技术革新至关重要。因为只有厚植科技沃土方能推动革新技术，比如后面将要介绍的 ImageNet 优质数据集的开源，以及计算机数据处理能力的提升，例如 GPU 的运用。

由于深度学习在计算参数上涉及大量矩阵，因此需要使用 GPU。本书将对改造个人游戏计算机为深度学习机器的方法进行说明，其中包括操作系统（OS）以及中间件的安装方法。

OS 和中间件的安装可能是本书内容中最复杂的部分。尽管已多次确认过安装顺序，但由于计算机品牌、机型以及中间件版本的差异性，难免出现安装顺序偏差，望读者谅解。

⊖ 出自：Convolutional Neural Networks for Visual Recognitoin. Lecture7，p 75。

1.1.2　本书学习内容——图像分类、目标检测、强化学习

深度学习已在图像识别、语音识别和自然语言处理等领域取得了巨大的成功。本书将聚焦图像识别，并通过演示示例程序向读者进行说明。

图像识别的基础是图像分类和目标检测。图 1.4 已自动检测出照片中自行车和狗两个目标，并框定出各自对应的位置。这种自动检测物体的方法即目标检测。目标检测在框定物体位置的同时还可估测物体形状。例如，胸部 X 光片可提供癌细胞的位置及形状信息。本书第 5 章将详细介绍目标检测相关内容。

图 1.4　自动检测自行车和狗

除图像分类和目标检测外，本书还将通过示例程序介绍强化学习的相关知识。并将在第 6 章中以训练擅长井字棋游戏的计算机为例，介绍深度学习及强化学习案例。

1.1.3　本书学习方法——预训练模型的利用

ImageNet 项目[⊖]是由斯坦福大学创建的大型高清图像数据库，图片数量达 1400 万张，涵盖了 21000 个不同类别。

ILSVRC 是 2010 年后，基于 ImageNet 中的 1000 种图片，举行的大规模视觉识别挑战赛。2012 年，获得该挑战赛冠军的是由多伦多大学团队训练出的远超传统机器学习方法的 8 层

⊖ http://www.image-net.org/。

神经网络模型 AlexNet。

AlexNet 能否用于其他图像识别分类是当时备受关注的问题。8 层神经网络 AlexNet 参数量庞大，是多伦多大学精锐团队用时 2 周左右搭载 GPU 搭建的高性能模型。

AlexNet 之后，参加 ILSVRC 大赛的高性能模型均开源了其模型架构及参数，即我们常说的预训练模型（Pre-trained Model）。结果表明，使用预训练模型有益于促进高性能的发挥。

在图像分类方面，预训练模型的使用已成为主流。本书第 4 章将围绕 VGG-16、ResNet-152 等预训练模型的使用示例进行介绍。

本书同时还将提供几种提高估测精度的方法供读者参考。

一是通过数据扩充（Data Augmentation）、预处理（Pre-Processing）等数据预处理技术来实现提高模型估测精度。

二是帮助“Deep Sea”团队斩获 2015 年 3 月 Kaggle[⊖]海洋浮游生物分类比赛“National Data Science Bowl”（参赛团队达 1049 组）桂冠所采用的方法（见图 1.5）。Deep Sea 是由比利时根特大学和 Google DeepMind 公司旗下成员共通组建的联合参赛队。其中，Google DeepMind 是英国的人工智能企业，因开发出 AlphaGo 备受瞩目。而来自根特大学的团队在运用深度学习检索图像方面的实力早已达到国际顶尖水平。2016 年 3 月该团队在 Kaggle 的心脏磁共振成像（MRI）图像检测竞赛“Second Annual Data Science Bowl”中荣获亚军。

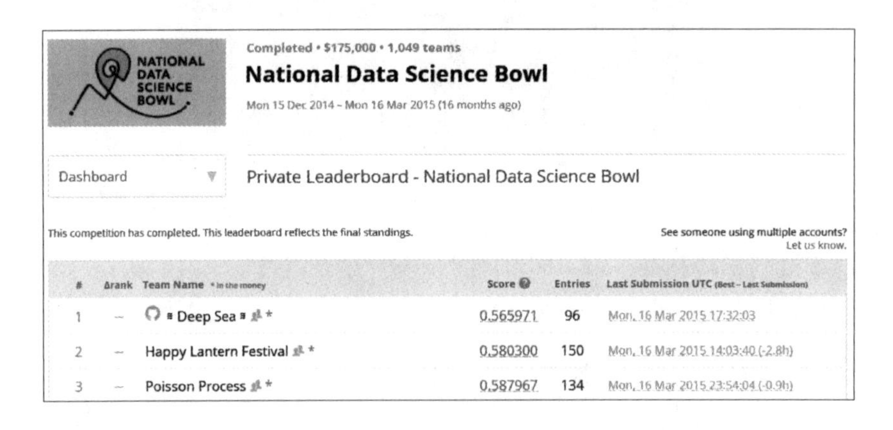

图 1.5　National Data Science Bowl 竞赛结果（摘自 Kaggle 主页，“Deep Sea”获胜）

有关 Deep Sea 运用深度学习提高估测精度的具体方法，详见本书第 4 章。

⊖ 美国的国际数据竞赛网址 https://www.kaggle.com/。

1.2　本书使用的数据集

本书使用的数据集是加利福尼亚理工学院提供的机器学习用图像数据集“Caltech 101”[⊖]（见图1.6）。该数据集包含8677张彩色图片，每张图像像素约为300×200，涵盖手风琴、飞机、船锚、蚂蚁、木桶等101种类别，均附有数据标签。该数据集大小约为130MB。

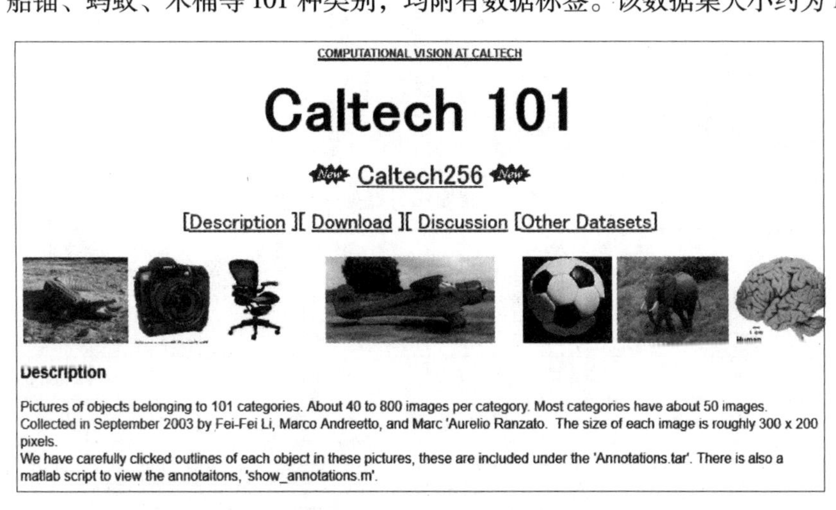

图1.6　Caltech 101主页

本书从101种类别中选取了图像张数较多的6类图像（见表1.1）作为第4章里的6类图像识别分类的使用数据集。

表1.1　使用图像数据集

序　　号	类别名称	图　像　数
0	airplanes	800
1	Motorbikes	798
2	Faces_easy	435
3	watch	239
4	Leopards	200
5	bonsai	128
合计	—	2600

⊖ L. Fei-Fei, R. Fergus and P. Perona. Learning generative visual models from few training examples: an incremental Bayesian approach tested on 101 object categories. IEEE. CVPR 2004, Workshop on Generative-Model Based Vision. 2004。

http://www.vision.caltech.edu/Image_Datasets/Caltech101/。

目标检测示例中也会使用到 Caltech 101 图片。但需要注意的是，目标检测使用的学习用数据并非直接源自 Caltech 101，而是本书基于 Caltech 101 根据需求另外创建的。目标检测用的相关学习用数据可从 Ohmsha 的主页[㊀]上下载使用。

1.3 本书使用的硬件及软件

1.3.1 使用框架

表 1.2 是用于深度学习的主要开源框架一览表。

表 1.2 深度学习框架一览表

名称	制作者	语言	主页
Caffe	Berkeley Vision 和 Learning Center, community contributors	C++, Python	http://caffe.berkeleyvision.org/
Chainer	PFI/PFN	Python	http://chainer.org/
CNTK	Microsoft	C++	https://cntk.ai/
Deeplearning4j	Various; originally Adam Gibson	Java, Scala, C	http://deeplearning4j.org/
MXNet	Distributed (Deep) Machine Learning Community	C++, Python, Julia, Matlab, GO, R, Scala	https://github.com/dmlc/mxnet
TensorFlow	Google Brain team	C++, Python	https://www.tensorflow.org/
Theano	Université de Montréal	Python	https://github.com/Theano/
Torch	Ronan Collobert, Koray Kavukcuoglu, Clement Farabet	C, Lua	http://torch.ch/

本书中使用的深度学习框架是 Torch、Theano 和 Chainer。

Torch 是一个基于 Lua 脚本的深度学习框架，广泛应用于纽约大学、Facebook、Twitter 等，具有灵活性强和高效等特点。本书第 4 章将介绍基于 Torch 的 152 层神经网络。

Theano 是 2009 年面世的深度学习框架，多见于国际上有关深度学习的介绍和论文中，影响力较广。

本书中未直接使用 Theano，而是利用了基于 Python 的深度学习库 Keras[㊁]作为框架，在 Keras 的后端与 Theano 进行交互。Keras 支持 Theano 和 TensorFlow 两种后端框架，当通过 Keras 运行程序时，实际上后端是 Theano 或 TensorFlow 在工作。Keras 在 2015 年 3 月首次发

㊀ 有关下载方法可参见 1.5 节。

㊁ http://keras.io/。

布，之后因其在深度学习上的易用性，而广受追捧。

Chainer 是日本 Preferred Networks（PFN）、Preferred Infrastructure（PFI）研发的深度学习框架，具有高度灵活性及直观性等特点，调试性更优于 Theano。本书将运用 Chainer 介绍强化学习示例。

尽管 R-CNN（Regions with CNN）是目标检测领域的经典深度学习框架，但本书要向读者介绍的是构建出 26 层神经网络的 Yolo[⊖]。Yolo 是基于 Darknet 框架的应用系统，其检测精度毫不逊色于 R-CNN。

本书仅选取了部分基于上述框架的实践样例程序进行解说。所有实践样例程序均可从 Ohmsha 的主页上下载操作。

表 1.3 是本书使用的框架（学习库）及其版本一览表。

表 1.3　本书使用框架（学习库）

框架（学习库）	版　本
Keras	1.0.8
Theano	0.8.2
Torch	7
Chainer	1.16.0
Darknet	2

1.3.2　GPU 的使用

尽管中央处理器（Central Processing Unit，CPU）具备完成高难度复杂运算的能力，但并不适合用于庞大数量的并行单纯计算。相反图形处理器（Graphics Processing Unit，GPU）虽然不擅长复杂逻辑运算，但具有并行处理大量单纯运算的能力。

GPU 是计算机显卡上运算三维图像的信息处理器，同时也可执行其他任务。譬如，深度学习的矩阵计算。要实现基于深度学习的模型训练和结果估测，逃不开大量的矩阵计算。利用 GPU 可分别把训练和估测的计算速度提高 10 ~ 30 倍和 5 ~ 10 倍。

在一个实际应用的深度学习训练中模型多达数十种。即便利用 GPU 训练一个模型，时长有可能需要 10h 甚至更多。因此没有 GPU，很难有效实现深度学习的应用。

表 1.4 是 NVIDIA 公司在日本销售的部分 GPU 产品表。本书中使用的是“GeForce GTX 1070”。由于在深度学习任务中，GPU 的计算速度受限于自身存储容量，选择 GTX 1070 是因为该产品存储容量达 8GB，且价格适宜。

NVIDIA 公司生产的 GPU 中包括游戏机用 GeForce 和主供业务使用的 Tesla 等产品。因

⊖ http://pjreddie.com/darknet/yolo/。

游戏图像显示多使用单精度浮点数计算（以下称单精度），GeForce 系列的 GPU 均具有高性能的单精度计算能力。对比 GeForce，Tesla 系列的 GPU 不仅具有高性能的单精度计算能力，还同时具有优秀的双精度计算能力。由于单精度计算已足够满足深度学习的计算需求，本书中的示例程序均采用单精度计算。

表 1.4　NVIDIA 公司产 GPU 一览表

名　称	流处理器数量	存储容量	TDP	IF	外接供电	上市时间	市场价格（不含税）
GeForce GTX 1060	1280	6GB	120W	PCIe3.0	要	2016 年 7 月	约 33000 日元
GeForce GTX 1070	1920	8GB	150W	PCIe3.0	要	2016 年 6 月	约 57500 日元
GeForce GTX 1080	2560	8GB	180W	PCIe3.0	要	2016 年 5 月	约 90000 日元
GeForce GTX 750Ti	640	2GB	60W	PCIe3.0	不要	2014 年 2 月	约 11000 日元

注：表中为 2016 年 8 月的市场价格。

表 1.4 中也列出了“GeForce GTX 750Ti”作为参考备选。虽然 GTX 750Ti 的存储容量仅有 2GB，但无须外接供电，只要与主板连接即可，能够实现方便快捷的 GPU 效果测试。

如图 1.7 所示，GTX 1070 体积较大，运行需搭配提供外接供电的塔式台式机。

图 1.7　NVIDIA 公司产 GPU 外观

1.3.3　准备硬件——改造游戏用计算机

共需准备 2 台计算机，一台是对搭载 GPU 的游戏计算机改造后的深度学习机，另一台是安装了 Windows 操作系统的 Windows PC。

1. 深度学习机

本书使用的深度学习机是通过改造游戏 PC 而来。表 1.5 是本书使用的深度学习机的硬件配置介绍。

表1.5　深度学习机的硬件配置

名　称	配　置	用户定制
主板	Intel H170芯片组ATX（支持视频输出）	
内存	32GB（DR4 SDRAM 16GB×2）	8GB提升至32GB
电源	700W	500W变更为700W
CPU	Intel Core i7-6700	
SSD	250GB	
硬盘	1TB（SATA3）	
光驱	DVD Super-Multi Drive	
图形处理器（GPU）	NVIDIA GeForce GTX1070 8GB	
LAN	千兆网络端口（Onboard）	
OS	Windows 10 Home 64bit（预安装）	

游戏PC的入手渠道是网购，其中的内存和电源为定制组件，购买价格约18万日元(不含税)㊀。

通常商家销售的游戏PC中已预安装了Windows OS，同样本次购买的计算机中SSD上也预安装了Windows OS。取出SSD，在计算机的硬盘上安装Linux OS（Ubuntu），以备深度学习机使用。若硬盘里也已预安装了Windows OS，最好准备一个新硬盘替换，然后再安装Linux OS。新硬盘容量最好大于1TB。

在深度学习中，由于读取的数据在转换为字符串时会导致内存使用量激增，为应对该情况，在配置时应提前扩增内存至32GB。另外，常规上500W的电源已足以支撑使用需求，但为备不时之需，配置的也是700W的电源㊁。

游戏PC配套的键盘、鼠标和DVD驱动器可直接用于深度学习。显示输出连接GPU视频输出端口。由于中间件的安装需要网络环境支持，所以务必保证联网环境。最好在改造深度学习机前，对游戏PC的联网条件进行确认。

组装好1台深度学习机后，即可尝试搭建运行深度学习各种模型。

2. Windows PC

在安装了Windows操作系统并配有DVD驱动器的Windows PC上下载安装Linux OS(Ubuntu)，并读取DVD-R。确保Windows PC同样具备联网功能。

1.3.4　OS与中间件

本书使用的OS、主要的中间件及其版本如下：

1. OS

Ubuntu Desktop 14.04.5 LTS，http://www.ubuntu.com/desktop。

㊀ 2016年7月的购买价。

㊁ 计算机内存和硬盘容量需根据深度学习时运用的模型及数据量进行调整增加。

2. 中间件

① CUDA Toolkit 8.0，https://developer.nvidia.com/cuda-toolkit。

② cuDNN v5.1，https://developer.nvidia.com/cudnn。

③ Anaconda 4.20，https://www.continuum.io/why-anaconda。

软件概要如下：

（1）Ubuntu Desktop

因大多数深度学习用框架都可在 Ubuntu 上使用，所以本书的操作系统均使用了 Ubuntu OS。

Ubuntu 有如下服务器版本：

① Ubuntu Desktop。

② Ubuntu Server。

本书安装使用的是 Ubuntu Desktop 版本。

（2）CUDA（Compute Unified Device Architecture）Toolkit

CUDA Toolkit 是 NVIDIA 公司研发的基于 GPU 解决运算问题的工具。利用 CUDA，可在 GPU 内部完成程序运算，大幅提升运算处理速度。

（3）cuDNN（CUDA Deep Neural Network library）

cuDNN 是深度学习用网络库，也由 NVIDIA 公司研发。cuDNN 可以有效提高 GPU 的运算速度。

（4）Anaconda

Anaconda 是一个方便基于 Python 框架管理的工具。并行使用基于 Python 的框架时，常会引发版本竞争问题。使用 Anaconda 可以管理多个版本的 Python 环境，同时还可有效推进 Package 的安装。

1.4 软件安装

1.4.1 OS 的安装

接下来准备安装 OS。后面均简称 Ubuntu Desktop 为 Ubuntu。

配置硬件请参阅 1.3.3 节，准备好 1 台深度学习机、1 台 Windows PC 和一个 DVD-R。

1. 在 Windows PC 上制作安装用媒介

首先按照下述顺序制作 Ubuntu 安装用媒介（DVD-R）。

1）下载 ISO 图像文件。在 Windows PC 浏览器上，输入下述网址：http://releases.ubuntu.com/14.04/。

单击“64-bit PC（AMD64）desktop image”，下载 ISO 图像文件。文件名如下：ubuntu-14.04.5-desktop-amd64.iso。

该文件是“Ubuntu Desktop 14.04.5 LTS”安装中所需的ISO图像文件，文件大小约为1GB。

2）刻录ISO图像文件。在Windows PC上把下载好的ISO图像文件刻录到DVD-R中。右键单击ISO图像文件，选择“刻录光盘映像”菜单项，完成刻录[⊖]。

2. 在深度学习机上安装Ubuntu

启动深度学习机前，先将显示器连接到GPU视频输出接口，并打开显示器电源。然后启动深度学习机，插入DVD-R后再次启动。

正常启动后，显示器上会出现图1.8a或图1.8b所示初始界面。主板固件（BIOS或UEFI）的不同会导致显示界面不同。

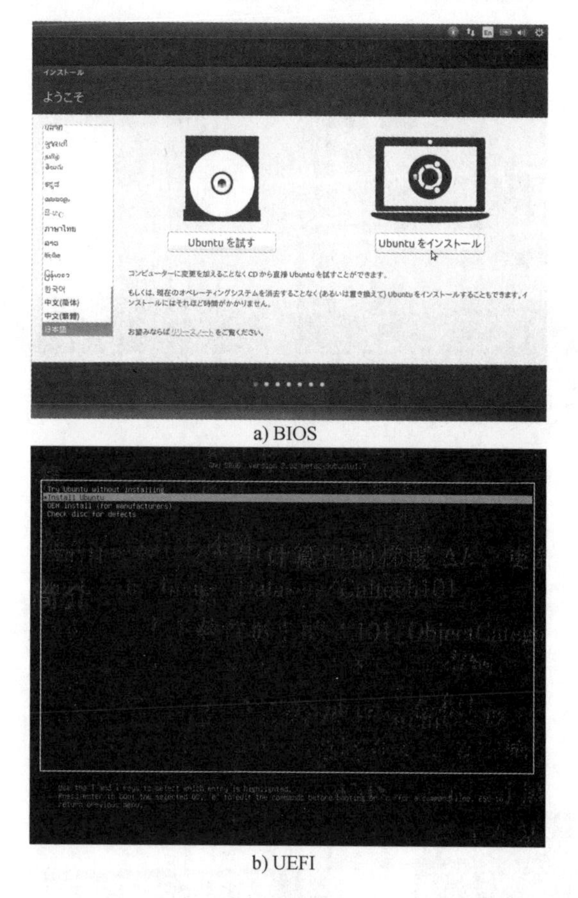

a) BIOS

b) UEFI

图1.8　安装初始界面

⊖ 若无“刻录光盘映像”菜单项，可先将ISO图像文件直接复制到C盘驱动下（C:¥），再打开Windows命令提示符窗口，输入以下命令，启动刻录工具：isoburn.ex C:¥ubuntu-14.04.5-desktop-amd64.iso。

若未出现图 1.8 所示的安装初始界面，可通过下述方式解决。

调整启动顺序。再次启动深度学习机，当屏幕上显示主板生产商 Logo 时，单击画面下方的指定按钮⊖，进入设置界面，将 DVD 驱动器设为开机时的第一启动项目并保存设置。

如图 1.8 所示安装界面分为 BIOS 和 UEFI 两种，不同界面的 Ubuntu 初始安装顺序也不同。接下来将分别对 BIOS、UEFI 两个界面下的安装顺序进行说明。

(1) BIOS

选择“日本语”，单击安装 Ubuntu 按钮，如图 1.9 所示。

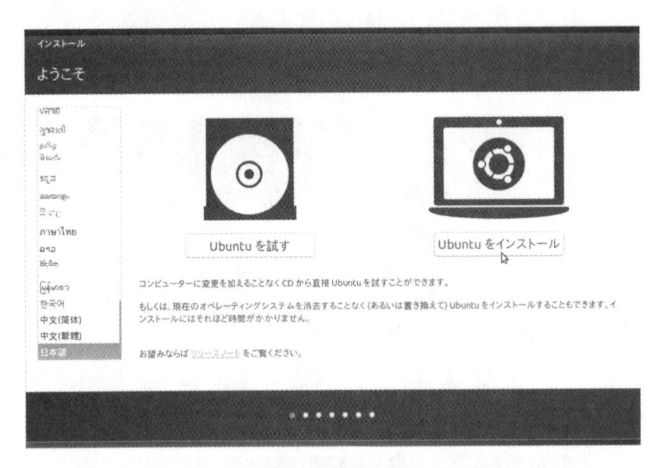

图 1.9　语言选项画面（BIOS）

(2) UEFI

移动光标至“Install Ubuntu”，按 Enter 键，如图 1.10 所示。

稍等片刻后跳转到语言选择界面。选择“日本语”，单击“続ける（下一步）”按钮，如图 1.11 所示。

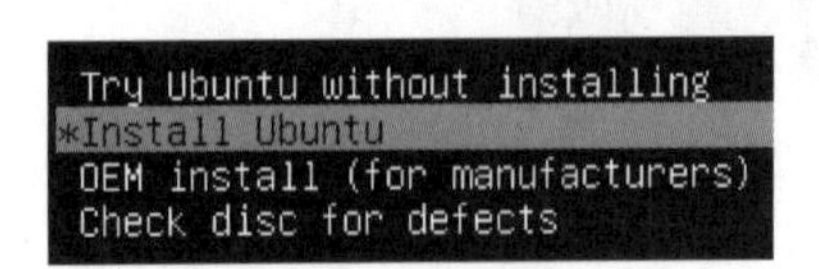

图 1.10　安装选项界面

图 1.11　语言选项界面（UEFI）

⊖ 不同主板的设定方法不同，具体请参考说明书。

跳转至图 1. 12 所示的界面后，双选两个 checkbox 复选框，单击“続ける（下一步）”按钮。

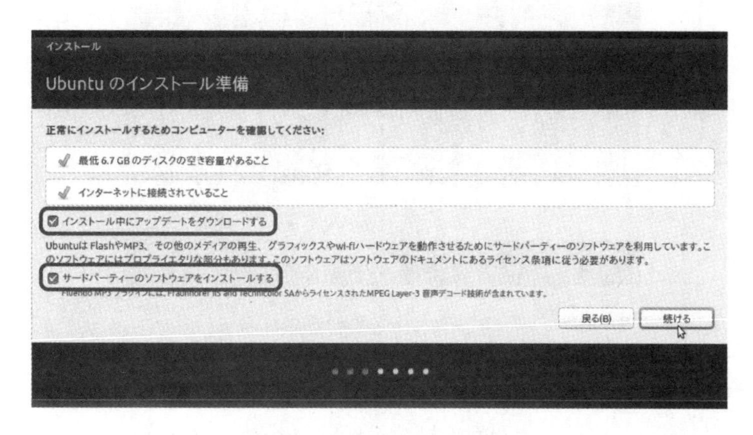

图 1. 12　安装准备界面

若计算机尚未安装 OS，会转至图 1. 13 所示界面。若计算机上已安装其他操作系统，将进入不同的界面。请注意该情况下单击“安装”按钮后，计算机将卸载已安装的 OS。

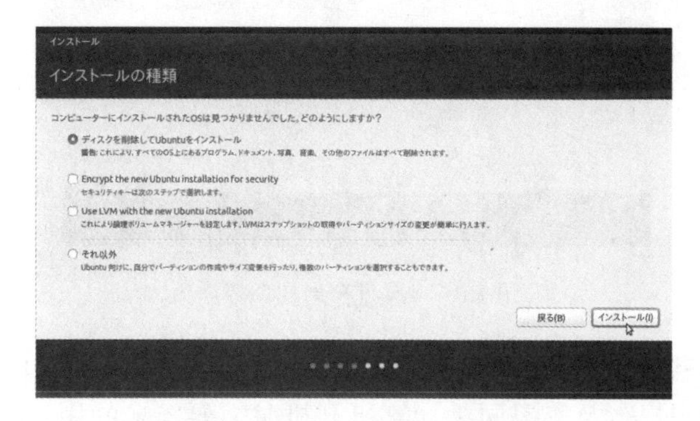

图 1. 13　安装种类选项界面

跳转至图 1. 14 所示的界面后，单击“続ける（下一步）”按钮。

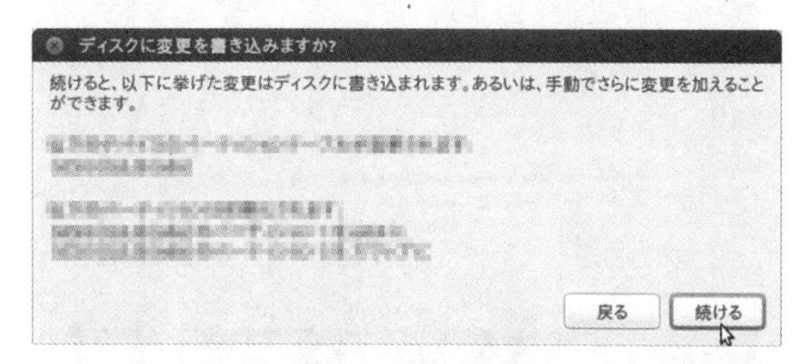

图 1. 14　刻录界面

选择“东京”时区后，继续单击“続ける（下一步）”按钮，如图 1.15 所示。

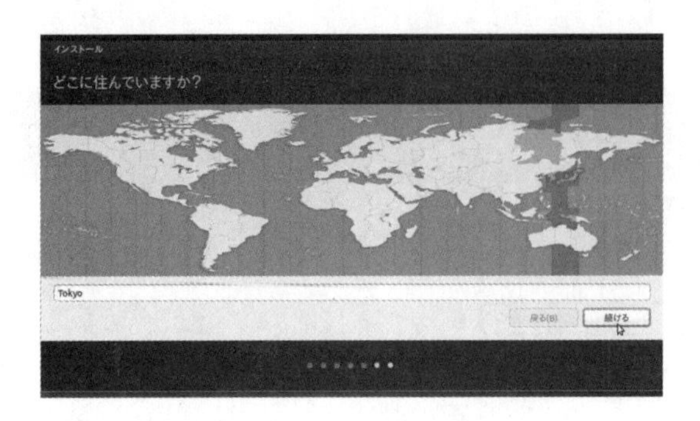

图 1.15 区域选项界面

键盘布局可根据个人喜好设置。选定键盘后，单击“続ける（下一步）”按钮，如图 1.16所示。

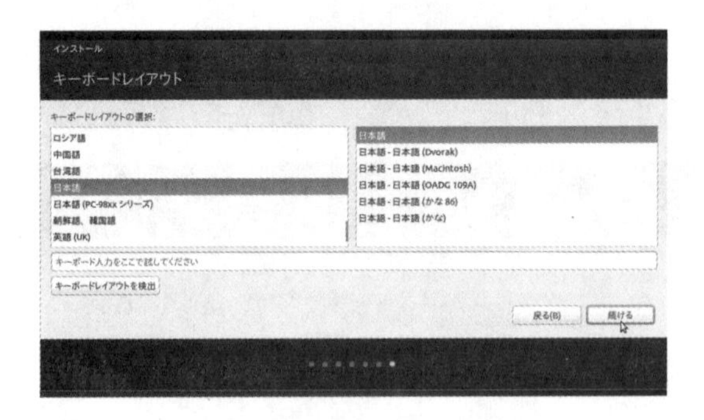

图 1.16 键盘布局选项界面

输入用户登录信息（见图 1.17）。输入完毕后，单击“続ける（下一步）”按钮开始安装。本步骤中设置的用户名及密码同为计算机开机时需要登录的用户名及密码。下面使用“taro”作为本系统的用户名。

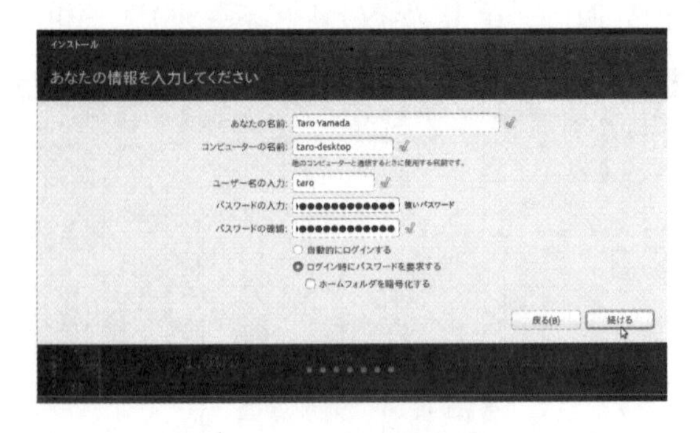

图 1.17 用户信息填写界面

跳转至图 1.18 后表示系统已基本完成安装。单击“今すぐ再起動する（重新启动）”按钮，重启计算机。若光驱自动弹出，请取出 DVD-R 关闭光驱，单击 Enter 键。

重启后计算机跳转至图 1.19 所示“登录界面”代表安装完成。

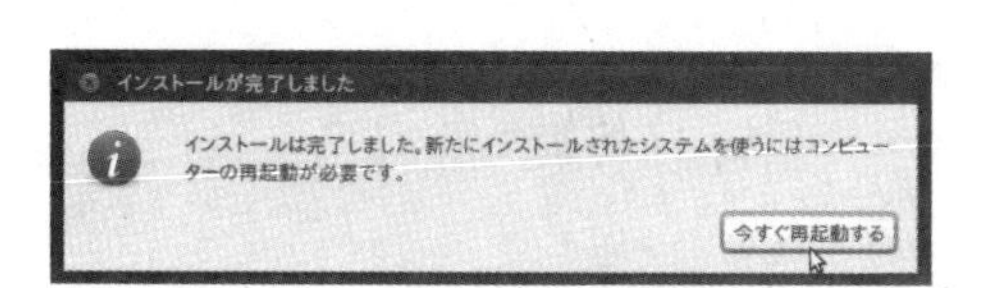

图 1.18　安装完成界面

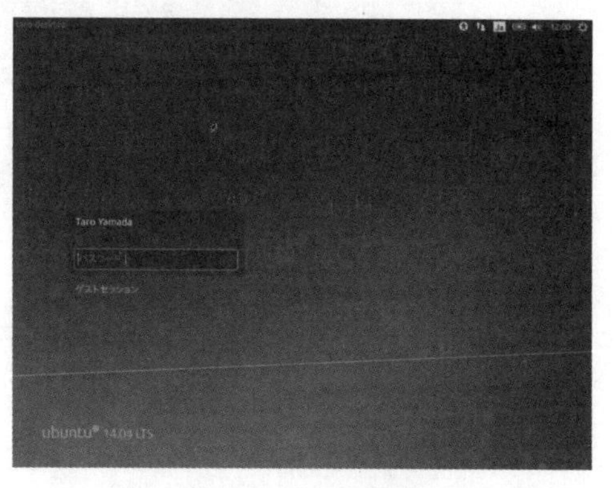

图 1.19　登录界面

3. 工具升级及基础目录的创建

在图 1.19 所示的登录界面中，输入登录密码登录系统。若看到“升级”对话框时，请勿单击。后面均以用户名“taro”的身份登录系统。

登录后，利用“端末（终端）”工具完成设定。单击图 1.20 所示左上角的图标（①），输入文字“端末（终端）”并检索（②），单击“端末（终端）”（③）。“端末（终端）”具有 Windows 命令提示符同等功能，也被称为“Terminal”。

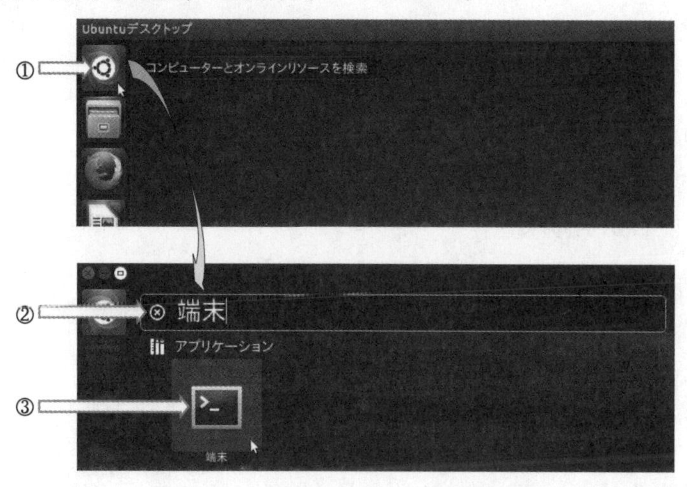

图 1.20　“端末（终端）”的开启方法

启动“端末（终端）”后，在其中输入下述命令，完成工具升级及基础目录[⊖]的创建。

⊖ 基础目录均创建在用户名“taro”的根目录（/home/taro/）下。

```
taro@taro-desktop:~$ sudo apt-get update
taro@taro-desktop:~$ sudo apt-get dist-upgrade
taro@taro-desktop:~$ mkdir archives     # 压缩文件地址
taro@taro-desktop:~$ mkdir data         # 数据存储地址
taro@taro-desktop:~$ mkdir libraries    # 学习库存储地址
taro@taro-desktop:~$ mkdir packages     # deb文件存储地址
taro@taro-desktop:~$ mkdir scripts      # 脚本存储地址
```

1.4.2 中间件的安装

终端上跳出显示用户名（taro）和主机名（taro-desktop）的提示符窗口。

```
taro@taro-desktop:~$
```

后面将修改隐藏终端命令行中的用户名和主机名，仅显示提示符。

```
$
```

受篇幅影响，有可能出现输入命令过长需换行输入的情况。若遇到该问题，可采用\ 符号，并行输入命令。

```
$ mkdir \
tmp
```

1. 安装 CUDA

（1）CUDA 的安装准备

首先确认 OS 能否识别 GPU。

```
$ lspci | grep -i nvidia
```

若提示"VGA compatible controller"开头的字符表示可以识别。

然后确认是否已安装 gcc 编译器[㊀]。

```
$ gcc -v
```

若提示"请执行以下操作"，需按照操作指示安装 gcc 编译器。

㊀ 本书使用的是 gcc 4.8.4 版。

```
$ sudo apt-get install gcc
```

最后安装 kernel header。

```
$ sudo apt-get install linux-headers-$(uname -r)
```

准备工作完成。

（2）下载 CUDA

在深度学习机上打开浏览器，输入下述网址[⊖]，下载 CUDA：

https://developer.nvidia.com/cuda-toolkit

下载支持 Pascal Architecture 的“CUDA Toolkit 8”（见图 1.21）。

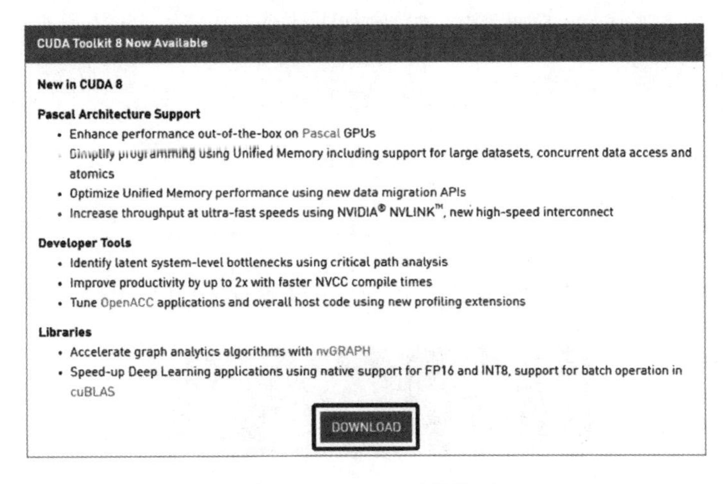

图 1.21　CUDA 下载界面

“CUDA Toolkit 8”也同样适用于“GeForce GTX 750 Ti”。图 1.22 是单击“DOWNLOAD”按钮后弹出的平台选择界面。首先单击“Linux”，然后会出现后续选项。请按照图 1.22 中所示依次选择选项。

单击“Base Installer”的“Download”按钮，下载并保存文件（约 1.8GB）至“~/download/”目录下。文件名为

cuda-repo-ubuntu1404-8-0-local-ga2_8.0.61-1_amd64.deb

（3）安装 CUDA

按照下述步骤安装 CUDA。符号“~”表示用户名“taro”的根目录（/home/taro）。

⊖ CUDA 升级速度较慢。本书中使用的“CUDA Toolkit 8”可在 https://developer.nvidia.com/cuda-toolkit-archive 上下载。

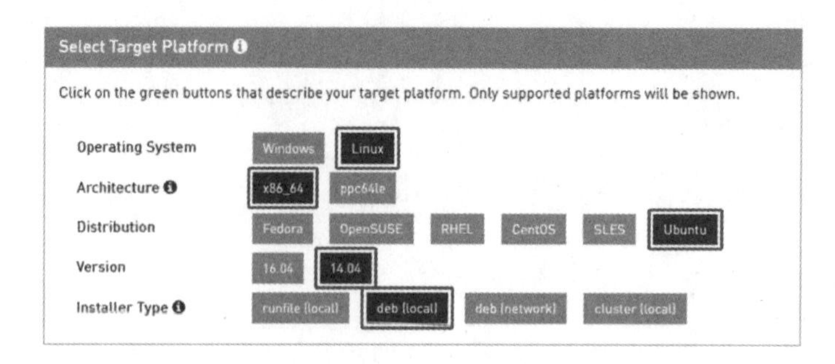

图 1.22　平台选项

```
$ mv ~/download/cuda-repo-ubuntu1404-8-0-local_8.0.44-1_amd64.deb  ~/packages/
$ sudo dpkg -i ~/packages/cuda-repo-ubuntu1404-8-0-local_8.0.44-1_amd64.deb
$ sudo apt-get update
$ sudo apt-get install cuda
```

使用 nvidia-smi 命令确认 CUDA 安装是否正常。

```
$ nvidia-smi
```

若安装正常，显示器上将输出如图 1.23 所示的 GeForce GTX 1070 工作状态信息。

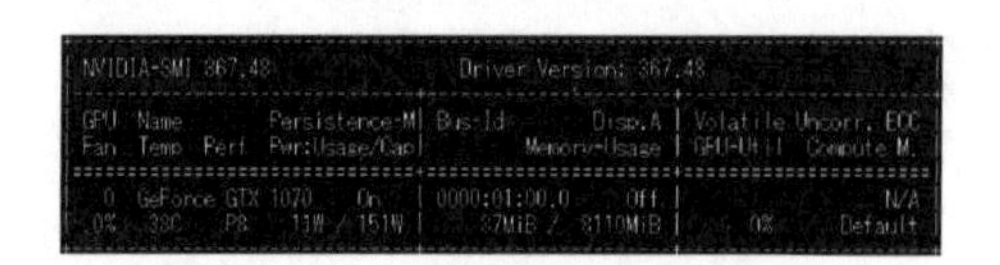

图 1.23　nvidia-smi 命令执行界面

（4）添加环境变量

按照下述步骤添加环境变量：

```
$ cp ~/.bashrc ~/.bashrc.original
$ chmod a-w ~/.bashrc.original
$ echo 'export PATH=/usr/local/cuda/bin${PATH:+:${PATH}}' >> ~/.bashrc
$ source ~/.bashrc
```

2. 安装 cuDNN

（1）登录账号

由于下载 cuDNN 需要先注册 Accelerated Computing Developer Program 会员，所以下载前请在深度学习机上打开浏览器，输入如下网址注册账号。

https://developer.nvidia.com/accelerated-computing-developer

单击“Join now”，填写信息后单击“Next”按钮。图1.24和图1.25是信息填写范例。

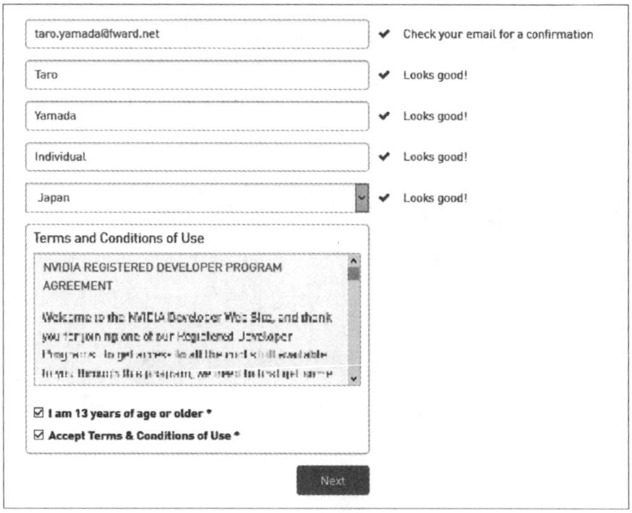

图1.24 基础信息填写示例

完成会员账号注册申请（尚未注册完毕）。

稍后，申请资料中填写的注册邮箱将收到激活邮件。单击邮件中的链接激活账号。单击成功激活页面上的“Set my password”，设置密码完成注册。后面登录账号下载cuDNN时还需要输入该密码。

（2）下载cuDNN

下载cuDNN前，请在深度学习机上打开浏览器，输入下述网址：

https://developer.nvidia.com/rdp/form/cudnn-download-survey

登录账号后，先在意向选项菜单中勾选必须选项，再单击“Proceed To Downloads”。图1.26是意向选项菜单的勾选提示图。

阅读并同意遵守条约后，显示器上将弹出可下载的cuDNN版本目录。单击“Download cuDNN v5.1 for CUDA 8.0”，在子菜单中选择下载“cuDNN v5.1 Library for Linux”。下载文件名如下：

cudnn-8.0-linux-x64-v5.1.tgz

（3）安装cuDNN

按照下述步骤安装cuDNN：

```
$ mv ~/download/cudnn-8.0-linux-x64-v5.1.tgz ~/archives/
$ tar xvzf ~/archives/cudnn-8.0-linux-x64-v5.1.tgz -C ~/libraries/
$ sudo cp ~/libraries/cuda/include/cudnn.h /usr/local/cuda/include/
$ sudo cp ~/libraries/cuda/lib64/libcudnn* /usr/local/cuda/lib64/
$ sudo chmod a+r /usr/local/cuda/include/cudnn.h /usr/local/cuda/lib64/libcudnn*
```

Which language(s) do you use for the computationally intense portions of your application(s)? *

- Perl
- Python
- R
- Visual Basic

✔ Looks good!

Which programming interfaces/language solution(s) do you use for GPU acceleration? *

- C++ AMP
- Anaconda
- Cg
- Direct3D / HLSL
- jCUDA

✔ Looks good!

Which graphics APIs do you use? *

- Not Applicable
- CgFX
- Direct3D
- OpenGL

✔ Looks good!

Which operating system(s) do you use for deployment? *

- WinRT
- Linux - 64 bit
- Linux 4 Tegra (L4T)
- Mac OSX
- Win 8 - 32 bit

✔ Looks good!

What libraries or key functionalities are you planning to use for your GPU Computing application? *

CUDA & cuDNN.

✔ Looks good!

Please tell us about your work and how it benefits (or may benefit) from GPU acceleration *

Deep Learning

✔ Looks good!

What are your fields of interest? *

- Image Processing
- Machine Learning & AI
- Material Science
- Medical Imaging
- Mobile

✔ Looks good!

What is the primary industry segment in which you work? *

- Defense
- Development Tools & Libraries
- Finance & Economics
- Games
- Government / National Labs

✔ Looks good!

Previous　Submit

图 1.25　详细信息填写示例

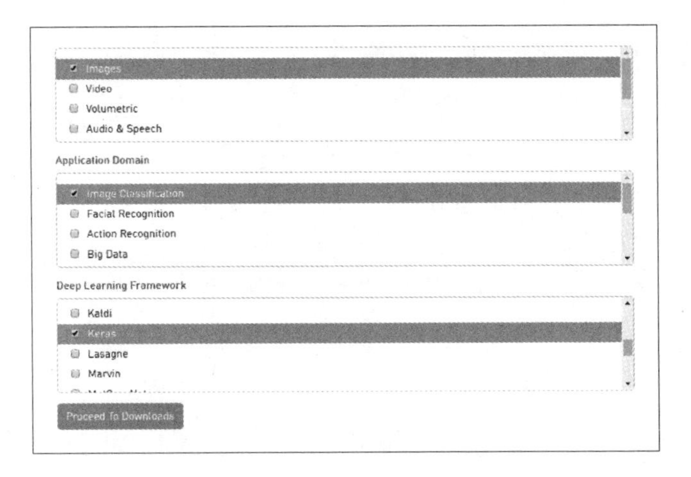

图 1.26　意向选项菜单勾选提示图

3. 安装 Anaconda

(1) 下载安装脚本

在深度学习机的浏览器地址栏中键入以下网址：

https://www.continuum.io/downloads

打开“Download for Linux”下拉菜单，选择 Python 2.7 version“64-BIT INSTALLER”，下载 Anaconda 安装脚本。文件名如下：

Anaconda2-4.2.0-Linux-x86_64.sh

(2) 安装 Anaconda

按照下述步骤运行安装脚本：

```
$ mv ~/download/Anaconda2-4.2.0-Linux-x86_64.sh ~/scripts/
$ bash ~/scripts/Anaconda2-4.2.0-Linux-x86_64.sh
```

运行安装脚本，如下所示输入 yes 确认同意许可条款。后面对于输入文本均用粗体文本标出。

```
Do you approve the license terms? [yes|no]
>>> yes
```

接下来确认安装地址，请安装在下述路径下。

/home/taro/libraries/anaconda2

```
[/home/taro/anaconda2] >>> /home/taro/libraries/anaconda2
```

添加安装路径到 bash 环境中，如下所示键入 yes。

```
Do you wish the installer to prepend the Anaconda2 install location
to PATH in your /home/taro/.bashrc ? [yes|no]
[no] >>> yes
```

安装脚本运行完毕后，执行下述命令。

```
$ source ~/.bashrc
```

(3) 测试

尝试操作 Anaconda。首先创建一个 test 环境。

```
taro@taro-desktop:~$ conda create --name test python=2.7
```

在命令行中添加 test python = 2.7 即可指定 Python 版本。
输入下述命令，进入新创建的 Anaconda 环境 test。

```
taro@taro-desktop:~$ source activate test
```

然后确认命令提示符变化，环境名 test 前出现用户名。

```
(test)taro@taro-desktop:~$
```

输入下述命令离开 Anaconda 环境：

```
(test)taro@taro-desktop:~$ source deactivate
```

离开环境后，确认提示符恢复至如下常规标记：

```
taro@taro-desktop:~$
```

下面尝试在未进入 test 环境的状态下，输入

```
taro@taro-desktop:~$ which python
```

获取 python 绝对路径。然后在 test 环境下同样输入

```
(test)taro@taro-desktop:~$ which python
```

获取 python 绝对路径。若显示的 python 绝对路径不同代表正常。
在命令行中输入下述命令删除 Anaconda 环境 test。

```
taro@taro-desktop:~$ conda remove --name test --all
```

完成 Anaconda 安装。

最后创建第 2 章及后续章节中的使用环境 main。

```
taro@taro-desktop:~$ conda create --name main python=2.7
```

1.5　程序下载

本书使用的程序以及专门制作的图片数据等均可从 Ohmsha 的主页上直接下载使用。本节将对资源的下载及解压缩方法进行介绍。本节下载的程序将在第 4 章后使用。

本书中将运行这些下载程序，并对其运行结果进行记录。受使用计算机和学习库版本不同的影响，有可能出现实际运行结果与本书记录内容不符的情况。另外，本书对使用的示例程序将以部分摘录的方式展开解说，有关程序的详细信息可参见本书附录 B 和下载程序。

本书示例程序和数据中包括参考资料、程序和数据。所有程序及数据的授权均遵照相关许可条款要求。其他也已获得 BSD 授权许可。

1.5.1　下载文档

在深度学习机上打开浏览器，从 Ohmsha 主页（http://www.ohmsha.co.jp）的“書籍連動（书籍联动）/Download Service（下载服务）/実装ディープラーニング（实践深度学习）（本书书名）”中，下载程序和数据。下载页面中包含如下 5 个下载文件。

- 5.1 节　除“目标位置检测”外的全部程序

① projects.tar.gz。

- 5.1 节“目标位置检测”用程序及使用数据

① darknet_train.tar.gz（程序）；

② darknet_test.tar.gz（程序）；

③ yolo.weights（预训练模型数据，约 750MB）；

④ extraction.conv.weights（初始设定模型数据，约 45MB）。

在这只需下载 projects.tar.gz 文档。由于其余 4 个文档占用空间较大，可在学习 5.1 节“目标位置检测”时根据需求下载。

除上述数据外，本书中使用的下述数据均可在开源网站上下载使用。相关数据可根据章节内容需求下载。

① Caltech 101 图像数据集（第 4 章后使用）

101_ObjectCategories.tar.gz（约 130MB）

② VGG-16 用预训练模型（4.4 节中使用）

vgg16_weights.h5（约 530MB）

③ ResNet-152 用预训练模型（4.5 节中使用）

resnet-152.t7（约 460MB）

1.5.2 下载文档的解压缩

projects.tar.gz 文档下载后保存在 ~/download/路径下。下载完成后，运行如下命令，转移并解压缩下载数据：

```
$ mv ~/download/projects.tar.gz  ~/archives/
$ cd ~/archives/
$ tar zxvf projects.tar.gz -C ~/
```

若解压缩操作正常，将创建 ~/projects 目录，然后在 ~/projects 目录下，解压缩各章使用的程序、图像数据及主目录。表 1.6 是解压缩后的主目录及程序一览表。

主目录 5-1、6-3 的数据和程序可在学习到相关章节内容时再下载。

表 1.6 解压缩后的主目录及程序一览表

目录名	语言	框架	使用的主要程序名称	备 注
4.2	Python	—	migration_data_caltech101.py	从 Caltech 101 选出 6 类数据
			data_augmentation.py	
4.3	Python	Keras	9_Layer_CNN.py	
4.3			VGG_16.py	
4.5	Lua	Torch	main.lua opts.lua dataloader.lua datasets/caltech101-gen.lua datasets/caltech101.lua models/init.lua average_outputs.py （其他）	使用 ResNet-152（152 层） （本书程序参考网站） https://github.com/facebook/fb.resnet.torch
4.6	Python	Keras	multiple_model.py average_3models.py make_pseudo_label.py pseudo_model.py	使用 9 层神经网络 • 模型平均 • Stacked Generalization • 疑似标签
5.1			（5.1 节中下载）	使用 26 层神经网络 预测物体位置、尺寸、种类

（续）

目录名	语言	框架	使用的主要程序名称	备　注
5. 2	Python	Keras	copy_imgs. py data_augmentation-2. py fcn. py image_ext. py resize_outputs. py	使用 23 层 U 形神经网络 预测物体形状
6. 3			（6. 3 节中下载）	第 6 章中使用的工具等存储位置

注：根目录是/home/taro/projects，主目录名与章节号对应。

第 2 章　网络结构

本章将向读者介绍图像识别领域使用的网络及层的基本结构。

2.1　前馈神经网络

图 2.1 是深度学习中的基础前馈神经网络（Feedforward Neural Network，FFNN[㊀]）结构图。

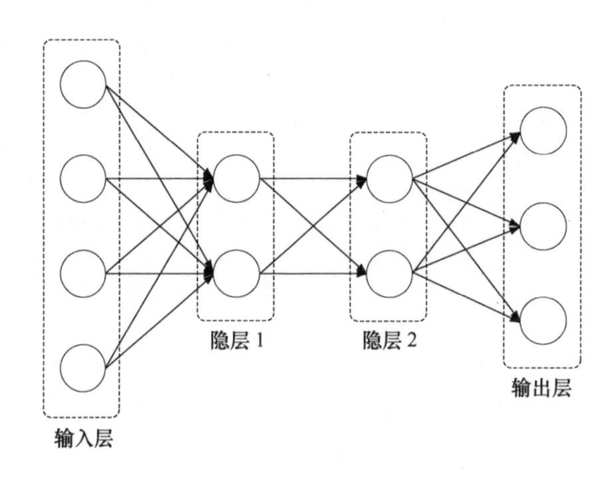

图 2.1　前馈神经网络（3 层）

前馈神经网络包括输入层（input layer）、隐层（hidden layer）和输出层（output layer），是数据从输入层逐层向前传递至输出层的神经网络[㊁]。隐层可以是单层，也可以是多层。在图 2.1 所示的神经网络中，输入层含有 4 个神经元，隐层 1 和隐层 2 各含有 2 个、输出层含有 4 个神经元。因为输入层通常不计入神经网络的层数计算，所以图 2.1 是一个 3 层神经网络。

连接各神经元的箭头代表上层神经元至下层神经元的传递函数，传递函数的参数被称为权值（weight）。

㊀ 也称多层感知机（Multi-Layer Perceptron）。

㊁ 数据由输入层向输出层传递的过程也称作前向传播。

深度学习中的学习或训练是指获取函数参数值和适当权值的过程。而估测是指利用学习中获取的权值和输入层初始数据计算输出层输出值。

若原始数据是一张像素为200×200的黑白图片，输入层内神经元个数可达40000个之多，且网络层数越多，前馈神经网络内的函数值越大。深度学习正是高效且适当地从大量数据中获取庞大数据的函数参数值的方法。

本书主要使用的前馈神经网络包括全连接神经网络和卷积神经网络。

2.1.1　全连接神经网络简介

全连接神经网络（Fully-Connected NN）是神经网络中最常见的网络结构，简称**全连接**。

全连接是相邻层神经元相互全连接的前馈神经网络，结构如图2.1所示。神经元相互间由一元多项式连接。

$$(\text{例})\, y = a_1x_1 + a_2x_2 + a_3x_3 + b$$

$$x_1 \quad x_3\text{:各神经元值}$$

$$a_1 \sim a_3, b\text{:参数(权值)}$$

全连接中的层称为全连接层（Fully-Connected layer，FC），图2.1所示网络包含3层全连接层。

过去，全连接是深度学习使用最多的网络结构。MNIST⊖是一个小尺寸（28×28像素）的手写数字数据集。基于全连接神经网络的MNIST手写数字识别分类的识别精度相当高。图2.2是MNIST的样本图像，经识别被判断为“4”。

图2.2　MNIST的样本图像

2.1.2　卷积神经网络简介

卷积神经网络（Convolutional Neural Network，CNN）是指输出层神经元只与相邻输入层中**特定神经元**连接的前馈神经网络。CNN架构内部包含卷积层（convolutional layer，conv）和池化层（pooling layer）等特殊层。相关架构问题将在2.2节中阐述。

CNN多应用于图像识别领域。由于CNN基于MNIST等小尺寸黑白图像数据集的效果不明显，并未受到太多关注。但在2012年，采用CNN的AlexNet在基于ImageNet高像素数据集的ILSVRC竞赛中，展现出了十分优越的性能，斩获了当年的冠军。从2013年起，参赛队伍几乎都采用了CNN来进一步提高图像识别的估测精准度。

⊖　http://yann.lecun.com/exdb/mnist/。

2.2　卷积神经网络

卷积神经网络由输入层、卷积层、池化层、全连接层和输出层组成。

图2.3是CNN架构示例。由于池化层是卷积层的可选项，与卷积层合并为1层，图2.3所示为5层的CNN架构。

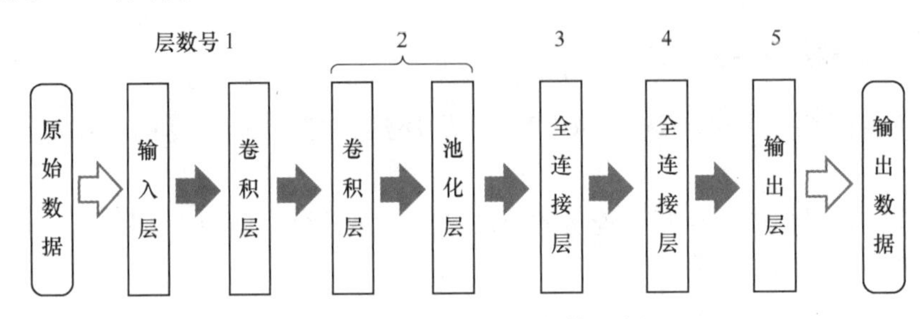

图2.3　卷积神经网络架构示例

接下来对CNN中卷积层、池化层的特征及功能进行介绍。

2.2.1　卷积层

图2.4是卷积层的卷积操作，即使用卷积核对输入图像进行卷积操作，生成特征映射。

图2.5是卷积操作运算示例，利用3×3的卷积核对输入图像对应位置进行卷积操作生成的乘积之和为一次特征映射。

在输入图像上滑动同一3×3卷积核对输入图像进行卷积操作，最后输出一个矩阵，可生成一张特征映射。

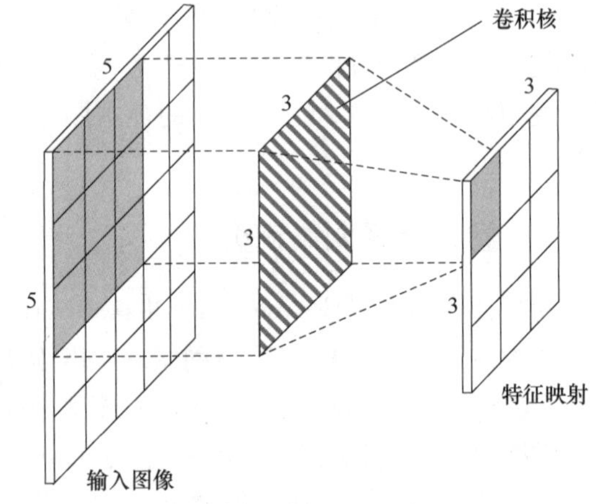

图2.4　卷积操作

在图2.6中，使用了2个不同的卷积核对同一输入图像做卷积操作，最后生成了两张特征映射[⊖]。卷积操作是一种图片特征提取方法，常使用多个卷积核来提取同一张图片的不同特征。因此合理设置卷积核中的初始数值十分重要。CNN的训练目标就是通过不断更新训练参数的方法，为卷积核中的每个元素找到一个合理的取值。卷积核里的数值也叫作权值。

⊖ 特征映射数量也叫通道数。

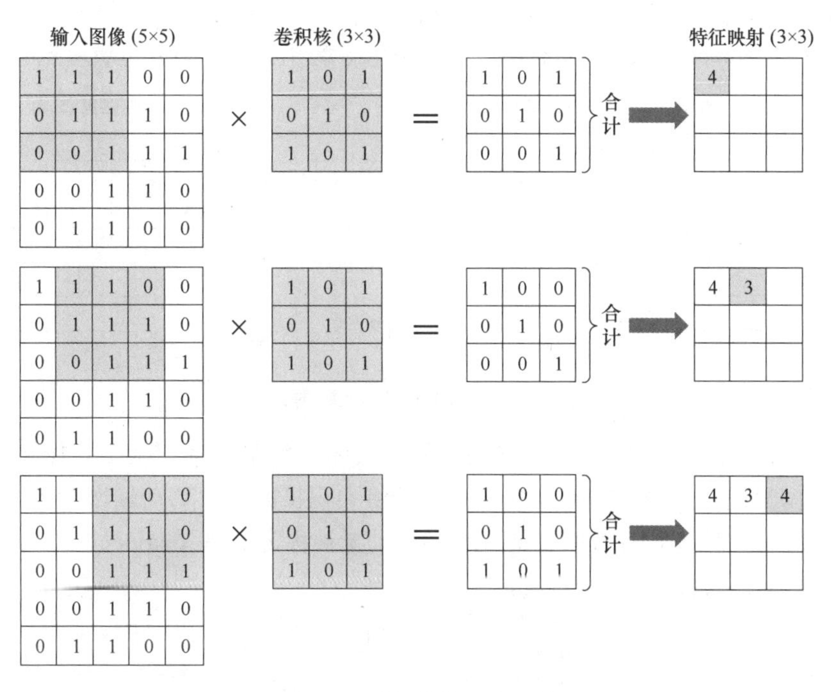

图 2.5 卷积操作运算示例

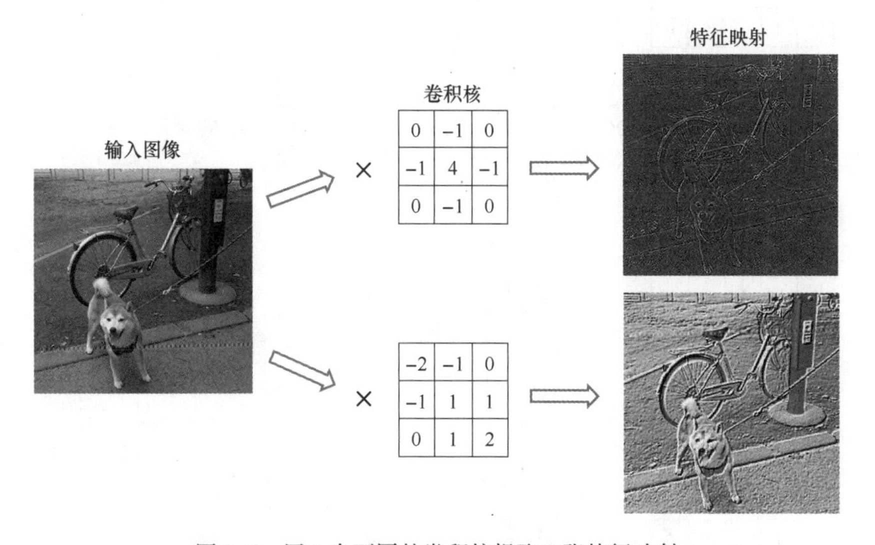

图 2.6 用 2 个不同的卷积核提取 2 张特征映射

通常，图像经过卷积操作生成的特征映射尺寸要小于输入图像。在图 2.5 中，尺寸为 5 ×5的输入图像经过卷积操作后生成了一张 3 ×3 的特征映射。若希望生成的特征映射尺寸保持图像原始大小，可以在输入图像的边缘添加边框。图 2.7 是在原始图像边缘添加“0”

边框后进行卷积操作的示例。最终生成了与输入图像尺寸相同的 5 ×5 特征映射。这种方法被称为零填充（zero-padding）。同时还可指定采用零填充方法在图像边缘填充的像素数。

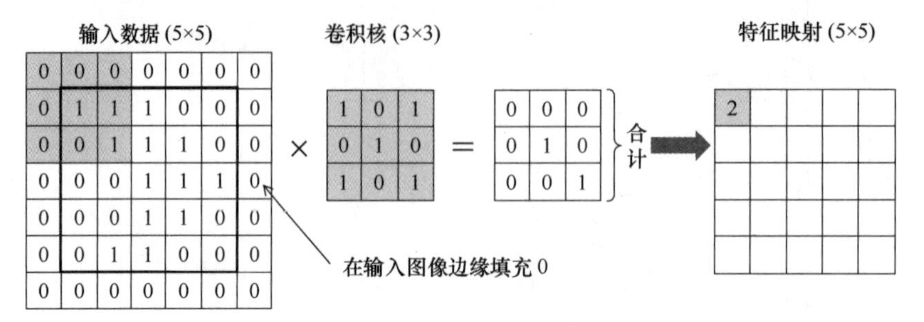

图 2.7　零填充与特征映射图

相反，可以通过增加单次卷积核移动量的方式缩小特征映射尺寸。在图 2.5 中，3 ×3 的卷积核在输入图像上每次只移动 1 个像素。若将卷积核的单次移动量增至 2，最终会生成一个 2 ×2 的特征映射（见图 2.8）。卷积核的移动量被称为步幅（stride）。

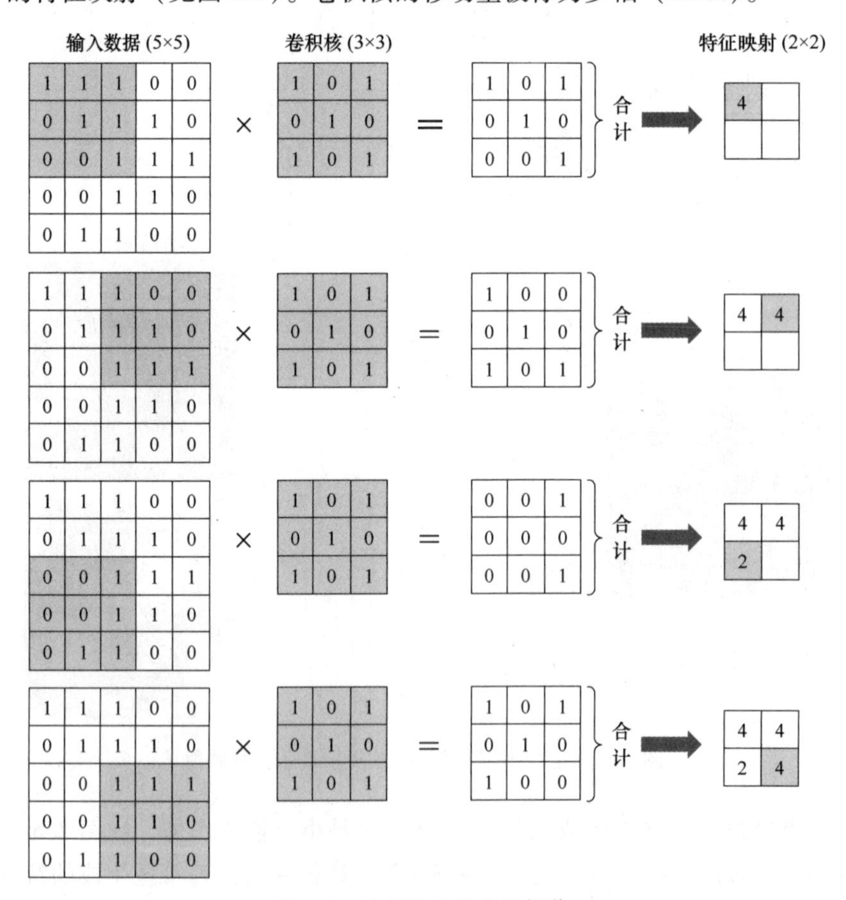

图 2.8　步幅为 2 的卷积操作

特征映射即下一层的输入值。若特征数量不少于1个，均需在下一个卷积层中与每个卷积核做卷积㊀。若下一层卷积层有 m 个卷积核，该卷积层将输出 m 张特征映射。

2.2.2 池化层

池化层的作用是从特征映射中提取典型的特征向量，可以有效缩小特征映射的尺寸。由于池化层只是卷积层的附加选择项，所以不是所有卷积层后都跟有池化层。池化层可以对不同位置的特征和变化进行聚合统计，也不需要训练权值（参数）。若前一卷积层输出的特征映射为 n 张（$n>1$），池化层的作用也仅是从中提取典型的特征向量，最后输出的特征映射仍旧是 n 张。

图2.9是池化层最大池化（max pooling）示例。

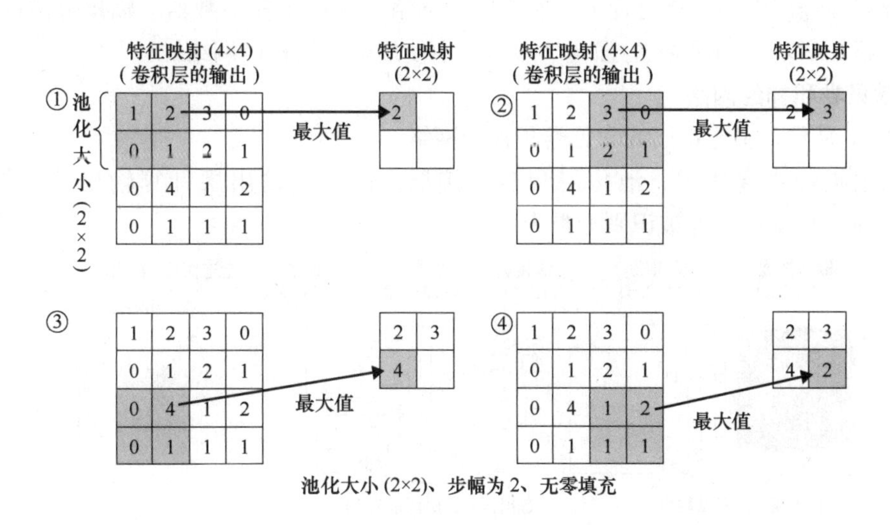

图2.9 最大池化

图2.9所示通过移动2×2的池化核且步幅为2的池化操作获取池化大小的最大值，生成新的特征映射值。通常池化步幅的设置均大于或等于2。

除最大池化外，也有其他类型的池化单元，譬如取池化大小的平均值作为特征映射值的平均池化（average pooling）和调用参数聚合调整池化大小提取值的Lp池化（Lp pooling）等。最常用于图像识别领域的池化形式是最大池化。

2.2.3 上采样层

通过卷积层和池化层后生成的特征映射图尺寸会发生缩小的现象。上采样层（Up-sampling）

㊀ 卷积核的通道数与输入特征映射数相同。不同特征映射通过卷积核的卷积操作后生成下一个特征映射。

的作用是扩大特征映射图尺寸（见图 2.10）。与池化层一样，上采样层不需要训练参数（权值），仅是对输入的特征映射进行聚合整理。若输入的特征映射有 n 张（$n>1$），经上采样层训练后，输出的特征映射仍为 n 张。

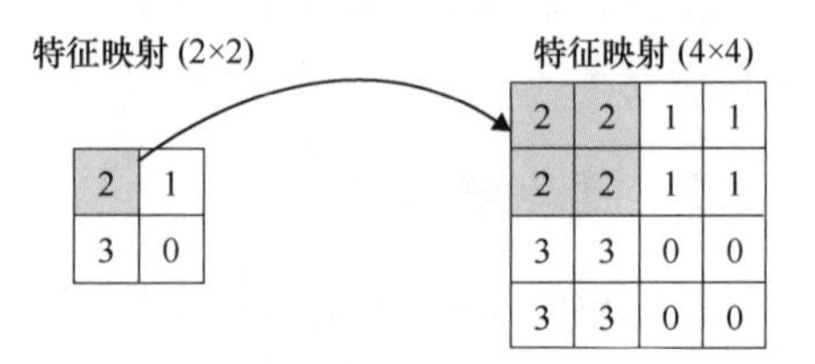

图 2.10　上采样层示例

2.3　本书使用的网络模型

本书使用的网络模型有如下三种：

1. 全连接神经网络

全连接神经网络是指只设置了全连接层的网络，常用于输入数值、输出分类的模型中。本书将在第 6 章基于 Chainer 的强化学习示例中使用全连接神经网络。

2. 常见卷积神经网络

图 2.11 是包含全连接层的常见卷积神经网络。

输入数据经由卷积层、池化层和全连接层，最后在输出层计算输出分类概率。如图 2.11所示，该输入图像被识别分类为狗。

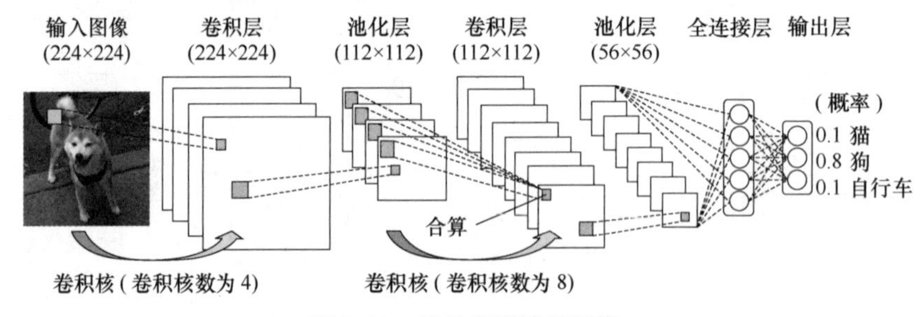

图 2.11　常见卷积神经网络

本书第 4 章图像识别分类中会使用到该模型。

3. 不含全连接层的卷积神经网络

常用于输入及输出均为图片的模型中。

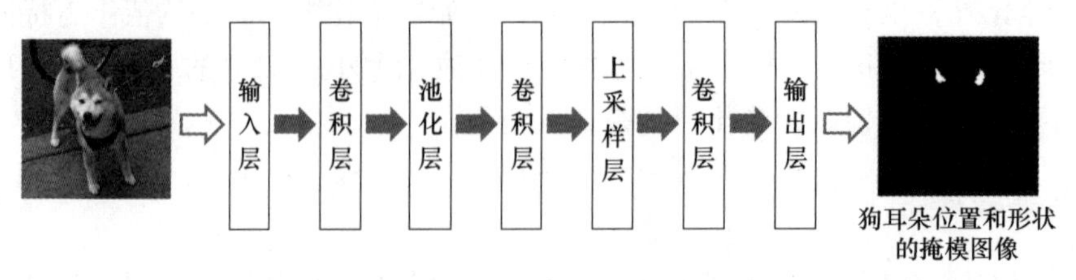

图 2.12　不含全连接层的卷积神经网络

图 2.12 从狗的图片中估测出狗耳朵的位置及形状。本书第 5 章目标检测示例中会对上述不含全连接层的卷积神经网络的应用进行介绍。

第 3 章　基本术语

由于深度学习需要大量内部参数，有时会导致过拟合现象，本章将对抑制过拟合提升估测精度的方法进行介绍，同时为读者解读本书深度学习实践中的基本术语。

若在第 4 章程序实操中遇到不了解的术语，请参见本章内容。

3.1　深度学习操作概要

图 3.1 是深度学习操作流程。输入数据进入输入层，经隐层，到达输出层，最后生成输出数据。输出数据即估测结果，而生成输出数据的过程被称为估测。

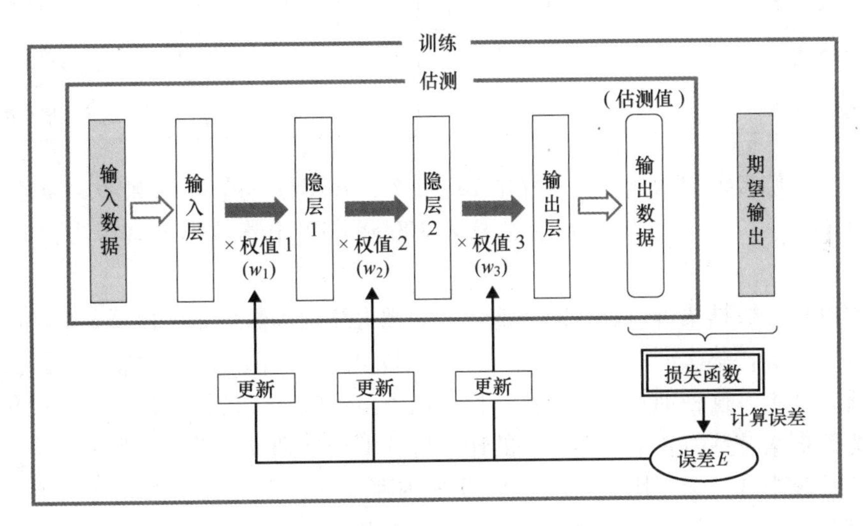

图 3.1　深度学习操作流程

深度学习需要包含大量输入和对应的期望输出[⊖]（正确答案）的组合数据。例如，输入图像为“自行车”，定义自行车为数值“1”，则对应的期望输出也是“1”。通常期望输出多为数字，但不排除有图像的情况。

深度学习中的“训练”是指利用实际估测输出与预期输出的误差，合理调整各层权值，计算最优权值的过程。

⊖　也称 label（标签数据）或 target（目标数据）。

因此，误差计算方法十分重要。损失函数[一]是计算误差的常用方法之一。让误差由输出层逐层向输入层反向传播，然后调整各层权值。

深度学习正是在不断“估测”和“更新权值”的训练中，逐步调整寻求最优权值减少误差的收敛计算。

用于训练且包含输入数据和对应期望数据的组合数据统称为训练数据集[二]（training dataset），用于估测的输入数据被称为测试数据集[三]（test dataset）。

有时为检测模型训练状况，也会从训练数据集中抽取部分数据使用。而这种用于检测模型训练的输入数据和对应的期望输出的组合数据叫作验证数据集[四]（validation dataset）。验证数据集只用于模型训练状况检测，不用于模型训练（权值更新）。数据集的种类见表 3.1。

表 3.1　数据集的种类

数据种类	输入数据	期望输出	用　途
训练数据集	○	○	训练用
验证数据集	○	○	测评训练用
测试数据集	○		估测用

表 3.2 是训练数据集示例，内含样本 10000 个，每组样本有 17 个数据（神经元），可表示为一个 10000 × 17 矩阵。一次性完整输入 10000 × 17 矩阵数据的训练方法被称为批量训练。

相反也有拆分数据集进行训练的方法。譬如把上述训练数据集按照每 8 个样本一组的比率进行拆分再训练，单次训练数据仅为一个 8 × 17 的小矩阵，迭代训练（更新权值）1250 次后遍历所有样本。这种训练方法叫作小批量训练。单次训练的样本数称作批尺寸。前述示例中将训练数据集按照每 8 个样本一组的比率拆分训练，则训练批尺寸为 8。

在矩阵运算中常常会使用到 GPU。GPU 的内存越大，能够计算的矩阵量越大。换句话说，可训练的批尺寸也越大。批尺寸越大，训练速度越快。因此批尺寸值应根据 GPU 内存大小来确定调整。

遍历一次所有样本的行为叫作 1 epoch，遍历 2 次即 2 epoch。若希望在训练中逐步更新权值，少则仅需训练数次 epoch，多则需要数千次 epoch。

[一] 也称误差函数、评价函数。

[二] 也称训练数据。

[三] 也称测试数据。为方便模型测试及比较，本书中部分测试数据集包含期望输出。

[四] 有时简称验证数据。

表 3.2 训练数据集示例

序号	输入数据																	期望输出
	1	2	3	4	5	6	7	8	9	10	11	12	13	14	15	16	17	
1	1	0	0	1	0	0	1	0	0	1	1	0	1	0	1	0	0	1
2	0	1	1	1	1	0	0	1	1	1	0	1	0	1	0	0	1	1
3	1	1	1	0	0	1	0	0	0	0	1	0	0	0	1	1	0	2
4	0	0	0	0	0	1	1	1	1	0	1	0	1	0	0	0	0	3
6	1	0	0	1	1	0	0	1	1	0	0	1	0	0	0	0	0	1
7	1	1	0	1	0	0	1	0	0	0	0	1	0	1	1	0	0	1
8	0	0	1	0	1	0	1	1	1	1	1	0	0	0	0	0	0	2
9	0	1	1	1	1	1	1	0	1	0	1	1	1	1	0	1	0	2
10	1	1	1	1	0	1	0	0	1	1	0	0	0	1	0	0	1	3
11	0	0	0	0	1	0	1	1	0	0	1	0	1	0	0	0	0	1
12	0	0	1	0	0	1	0	1	1	1	0	1	0	0	1	1	0	2
									⋮									
9.999	0	0	1	1	1	0	0	1	1	0	0	0	1	0	0	0	0	1
10.000	1	1	0	0	0	0	1	0	1	1	1	0	0	1	0	1	0	1

小批量训练（批尺寸=8）

3.2 激活函数

图 3.2 是深度学习中最常见的全连接神经网络。第 1 层有 4 个神经元，第 2 层有 2 个，相邻层神经元全部相互连接。

第 2 层的输入值 z 可通过第 1 层的输出值 x 表示为如下的一元多项式：

$$z_1 = a_{11}x_1 + a_{12}x_2 + a_{13}x_3 + a_{14}x_4 + b_1$$

$$z_2 = a_{21}x_1 + a_{22}x_2 + a_{23}x_3 + a_{24}x_4 + b_2$$

即 z 等于第一层的输出值 x 乘以参数 a，再加上 b。其中参数 b 代表偏移量。

引入函数 f 基于第 2 层的输入值 z 计算生成第二层的输出值 y。函数 f 模拟了大脑突触达到阈值触发动作的原理，被称作激活函数[⊖]。

图 3.3 是常见的激活函数图。

上述激活函数各定义如下：

1. 恒等函数（Identity function）

函数表达式为 $y = z$

⊖ 也称传递函数或输出函数。

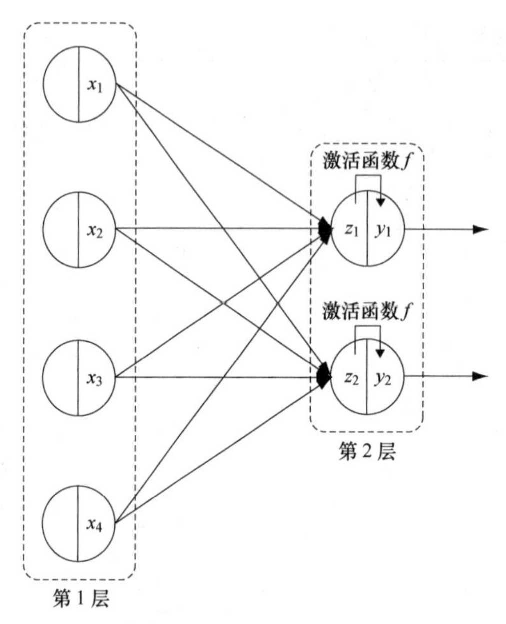

图 3.2 全连接神经网络

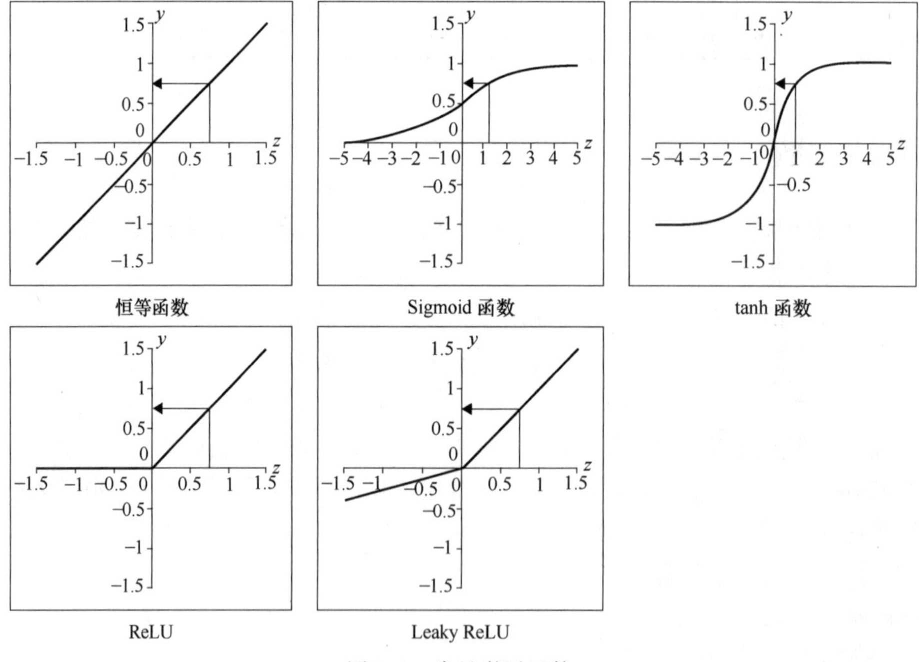

图 3.3 常见激活函数

原封不动地将输出神经元输入值 z 作为输出值 y。

2. Sigmoid 函数（Sigmoid function）

函数表达式为

$$y=\frac{1}{1+e^{-z}}$$

Sigmoid 函数的输入值 z 可以是任意实数，定义域为（$-\infty \sim +\infty$）。

输出值 y 的值域为 $0 \sim 1$。

3. tanh 函数（Hyperbolic tangent function）

函数表达式为

$$y=\frac{e^{z}-e^{-z}}{e^{z}+e^{-z}}$$

tanh 函数的输入值 z 定义域为全体实数（$-\infty \sim +\infty$），输出值 y 的值域为 $-1 \sim 1$。Sigmoid 函数与 tanh 函数均模拟了大脑突触传递信息的原理。

4. ReLU（Rectified Linear Unit）

函数表达式为 $y=\max(z,0)$

ReLU 函数是从单侧抑制了恒等函数，即当恒等函数输出值 $z<0$ 时，$y=0$。ReLU 简单高效，多用于图像识别领域多层神经网络的搭建[⊖]。

5. Leaky ReLU

函数表达式为

$$y=z，若\ z\geqslant 0$$

$$y=az，若\ z<0$$

Leaky ReLU 是 ReLU 的一个变体，当 ReLU 中的 $z<0$，则定义 $y=az$（a 的设定值为 0.1）。Leaky ReLU 也多用在图像识别领域。

上述激活函数均是直接作用于各神经元的激活函数，另外也有面向层内所有神经元的激活函数，譬如广泛应用于图像识别分类的输出层激活函数 Softmax 函数。

Softmax 函数（Softmax function）的函数表达式为

$$y_i=\frac{e^{z_i}}{\sum_{j=1}^{K} e^{z_j}}$$

式中 K——输出层的神经元数。

Softmax 函数是对输出向量进行归一化处理，即各神经元的输出值累积和为 1。当应用在图像识别分类领域时，选择经归一化处理后的最大神经元输出值（概率）输出。

3.3 损失函数

损失函数的目标是计算实际输出与期望输出的误差值。

⊖ 有关 ReLU 与网络多层化的关系，可参见知识扩展“梯度消失问题与 ReLU”。

常见损失函数如下：

1. 均方误差（Mean squared error）

函数表达式为

$$单个数据误差\ E_n = \frac{1}{2}(y_n - t_n)^2$$

式中　n——样本编号；

y_n——输出值；

t_n——期望输出。

$$整体误差^{\ominus}\ E = \sum_{n=1}^{K} E_n$$

式中　K——总样本数；

E_n——单个数据误差，基于 E_n 更新权值；

E——模型整体误差指标，可用于训练进度的确认。

例如，在表3.3中，有4组标签样本，均附有实际输出和期望输出，整体误差为1.5。若所有样本的实际输出与期望输出一致，则整体误差为0。

表3.3　均方误差计算示例

序号	实际输出 y_n	期望输出 t_n	误差（均方误差）E_n
1	4	2	0.5
2	3	2	0.5
3	1	1	0
4	2	1	0.5
整体	—	—	1.5

2. 交叉熵（Cross-entropy）

函数表达式为

单个数据误差
$$E_n = -\sum_{k=1}^{K} t_{nk}\log y_{nk} \tag{3.1}$$

式中　n——样本编号；

K——类别数；

y_{nk}——第 n 个样本属于 k 类的输出值（概率）；

t_{nk}——第 n 个样本属于 k 类的真实值（0或1）。

整体误差
$$E = \sum_{n=1}^{K} E_n$$

式中　K——总样本数。

⊖ “整体误差”也称损失（loss）。

交叉熵是图像分类任务中的常用损失函数，将在本书第4章中用到。

若实际输出与期望输出一致，式（3.1）中的损失达到其最小值。

假设训练数据集中有4个样本，涵盖3个分类，若样本的实际输出（估测值）和期望输出（真实值）如表3.4所示，则整体误差为2.7。由于分类任务中可使用Softmax函数强制各类积和为1，因此实际输出值代表了概率。

表3.4中，1号样本属于第2类的估测概率是0.8，真实值就是第2类，正确率相当高。正确率高的样本越多，整体误差值越小。

表3.4　交叉熵计算示例

序号	输出值（概率）			期望输出			误差（交叉熵）
	第1类	第2类	第3类	第1类	第2类	第3类	
1	0.1	0.8	0.1	0	1	0	0.223
2	0.3	0.4	0.3	1	0	0	1.204
3	0.7	0.2	0.1	1	0	0	0.357
4	0.3	0.3	0.4	0	0	1	0.916
整体	—	—	—	—	—	—	2.700

3. 二元交叉熵（Binary cross-entropy）

函数表达式为

单个数据误差

$$E_n = -\{t_n \log y_n + (1-t_n)\log(1-y_n)\} \tag{3.2}$$

式中　n——样本编号；

y_n——第 n 个样本的输出值（0~1）；

t_n——第 n 个样本的期望输出（0或者1）；

整体误差

$$E = \sum_{n=1}^{K} E_n$$

式中　K——总样本数。

二元交叉熵是交叉熵的特殊形式，二元表示只含有两类，例如非男即女，再如非表即里等。若一方概率为 p，则另一方的概率为 $1-p$。

与交叉熵相同，若实际输出值与期望输出完全一致，表达式（3.2）的损失值降到最低。

假设训练数据集中有4个样本，0代表男性，1代表女性。若实际输出值（估测值）和期望输出（真实值）如表3.5所示，此时的整体误差为1.771。实际输出值已用Sigmoid函数转化为0~1区间内的概率。

表3.5　二元交叉熵计算示例

序号	实际输出值	期望输出男性为0，女性为1	误差（二元交叉熵）
1	0.1	0	0.105
2	0.3	1	1.204
3	0.9	1	0.105

（续）

序号	实际输出值	期望输出男性为0，女性为1	误差（二元交叉熵）
4	0.3	0	0.357
整体	—	—	1.771

在表3.5中，2号样本的实际输出值（估测值）为0.3，对应的期望输出（真实值）是1（即为女性），估测值判断错误。与此相对的，3号的估测值是0.9，真实值是1，估测值几乎与真实值完全吻合。结果相吻合的样本越多，整体误差值越低。

3.4 随机梯度下降法

随机梯度下降法（Stochastic Gradient Descent，SGD）是随机抽取部分样本进行训练反复更新权值的方法，广泛应用于小批量训练。逐次更新权值的目标是追求损失函数误差的最小化。

误差 E 是权值 w 的函数，其函数图像如图3.4所示。

随机梯度下降法是用权值 w 计算误差 E 的梯度 ΔE（E 对 w 的微分），若梯度为正值，沿负梯度方向更新权值 w，相反梯度为负值时，沿正梯度方向更新权值 w。

式（3.3）是权值 w 的更新算式。若能计算出误差 E 的梯度 ΔE，即可更新权值 w。

$$w \leftarrow w - \varepsilon \Delta E \tag{3.3}$$

式中　ε——学习率。

梯度 ΔE 相当于 w 的更新幅度。若要控制 w 的单次更新幅度，可采用与学习率（learning rate）相乘的方式。通常学习率 ε 多被设置为0.01或0.001等。若梯度为正值时，ε 的衰减系数可促使 w 沿负梯度方向更新。

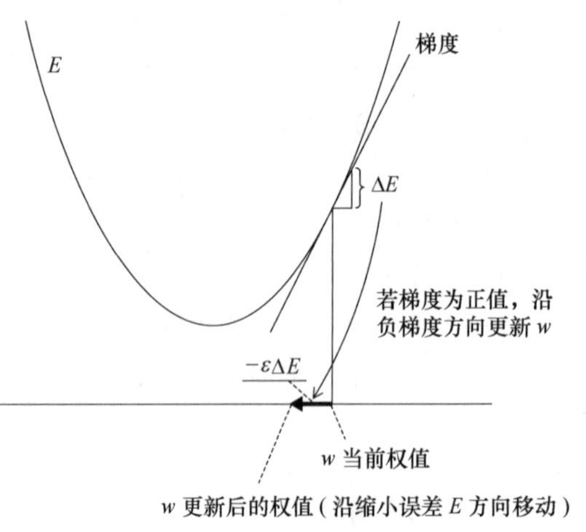

图3.4　基于随机梯度下降法的权值更新

3.4.1 权值更新计算示例

1. 前提

现在基于图3.5中所示的单层全连接神经网络，展示如何利用随机梯度下降法更新权值。图中神经网络的输入层有3个神经元，输出层有1个，使用均方误差作为损失函数，恒等函数作为激活函数。

表3.6是使用的训练数据集，含2个样本。当对1号样本赋予 $x_1=1$、$x_2=2$、$x_3=3$ 时，期望输出（真实值）为3。

2. 梯度 ΔE 的计算表达式

输出层的输出值 y 可基于输入层的输出值 x 用如下的一元多项式表示：

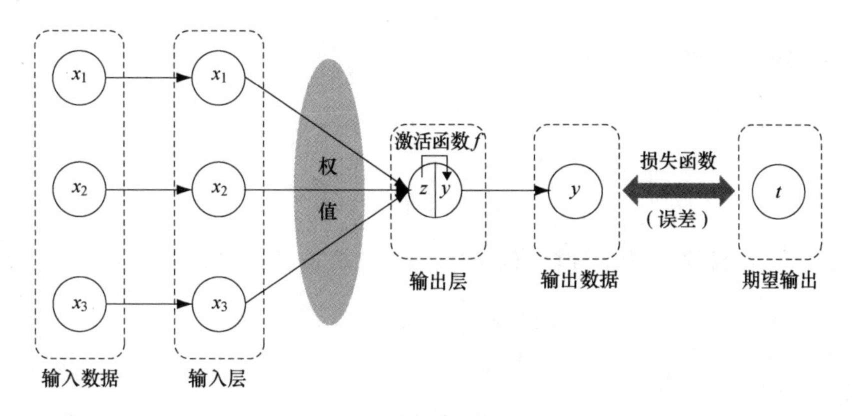

图 3.5 单层全连接神经网络

表 3.6 训练数据集

序 号	输入数据			期望输出 t
	x_1	x_2	x_3	
1	1	2	3	3
2	5	6	7	6

$a_1x_1 + a_2x_2 + a_3x_3 + b = z = y$

$a_1 \sim a_3$，b：参数

※ 因激活函数为恒等函数，所以 $z = y$。

基于表 3.6 所示训练数据集，可得出下列联立方程式：

$$a_1 + 2a_2 + 3a_3 + b = y_1 \tag{3.4}$$

$$5a_1 + 6a_2 + 7a_3 + b = y_2 \tag{3.5}$$

式（3.4）和式（3.5）的联立方程式可用矩阵和向量表示如下：

$$(a_1 \quad a_2 \quad a_3 \quad b)\begin{pmatrix} 1 & 5 \\ 2 & 6 \\ 3 & 7 \\ 1 & 1 \end{pmatrix} = (y_1 \quad y_2)$$

$$\downarrow \qquad\qquad \downarrow \qquad\qquad \downarrow$$

$$w \qquad\qquad X \qquad\qquad Y$$

权值　　　　输入值　　　输出值（估测值）

用 X、w、Y 分别表示输入值、权值（参数）和输出值（估测值）。输出值 Y 可用 w 和 X 表示如下：

$$wX = Y$$

另外，表 3.6 中的期望输出可用 t 表示如下：

$$t = (3 \quad 6)$$

损失函数是均方误差，误差计算如下：

$$\begin{aligned} E &= \frac{1}{2}\|Y-t\|^2 \\ &= \frac{1}{2}\|wX-t\|^2 \end{aligned}$$

梯度 ΔE 即误差 E 对权值 w 的微分权值。梯度 ΔE 计算式表示如下：

$$\Delta E = \frac{\partial E}{\partial w} = (Y-t)X^{\mathrm{T}} \tag{3.6}$$

式中 X^{T}——X 的变换矩阵；

Y-t——误差信号 δ，因激活函数是恒等函数，故省去了激活函数相关数学表达式。

本书中把式（3.6）中的 Y-t 作为误差信号，用符号 δ 表示。如式（3.6）所示，梯度 ΔE 可通过误差信号 δ 和输入值 X 求出。因为输入值为已知条件，所以只要求出误差信号值，即可计算出梯度 ΔE。计算出梯度 ΔE 后，可根据式（3.3）更新权值 w。

3. 设置初始值

首先赋予权值 w 和学习率 ε 一个合适的初始值。在这里我们设定学习率 ε 初始值为 0.001，权值 w 初始值如下：

$$w = (a_1\ a_2\ a_3\ b) = (1\ 0\ 1\ 0)$$

4. 更新权值

接下来更新权值 w。请按照下述的顺序逐步更新。

(1) 根据当前权值计算估测值

根据输入值 X 和当前权重 w，计算估测值 Y。

估测值为

$$\begin{aligned} wX &= (1 \quad 0 \quad 1 \quad 0)\begin{pmatrix} 1 & 5 \\ 2 & 6 \\ 3 & 7 \\ 1 & 1 \end{pmatrix} \\ &= (4 \quad 12) \\ &= Y \end{aligned}$$

然后尝试计算整体误差。由于损失函数调用了均方误差，按照下述方式可计算出整体误差 E 等于 18.5。

当前值为

期望输出 $t = (3 \quad 6)$

估测值 $Y = (4 \quad 12)$

整体误差为

$$
\begin{aligned}
E &= \sum_{n=1}^{2}\left\{\frac{1}{2}(y_n - t_n)^2\right\} \\
&= \frac{1}{2}(y_1 - t_1)^2 + \frac{1}{2}(y_2 - t_2)^2 \\
&= \frac{1}{2}(4-3)^2 + \frac{1}{2}(12-6)^2 \\
&= 18.5
\end{aligned}
$$

（2）计算梯度 ΔE

根据式（3.6），计算当前权重 w 下的梯度 ΔE。

当前值为

预期输出 $t = (3 \quad 6)$

估测值 $Y = (4 \quad 12)$

输入数据 $X^{\mathrm{T}} = \begin{pmatrix} 1 & 2 & 3 & 1 \\ 5 & 6 & 7 & 1 \end{pmatrix}$

梯度为

$$
\begin{aligned}
\Delta E &= (Y - t)X^{\mathrm{T}} \\
&= (4-3 \quad 12-6)\begin{pmatrix} 1 & 2 & 3 & 1 \\ 5 & 6 & 7 & 1 \end{pmatrix} \\
&= (1 \quad 6)\begin{pmatrix} 1 & 2 & 3 & 1 \\ 5 & 6 & 7 & 1 \end{pmatrix} \\
&= (31 \quad 38 \quad 45 \quad 7)
\end{aligned}
$$

（3）更新权值

最后根据式（3.3），利用步骤（2）中计算出的梯度 ΔE，更新当前权值 w。学习率 ε 设置为0.001。

当前值为

当前权值 $w = (1 \quad 0 \quad 1 \quad 0)$

梯度 $\Delta E = (31 \quad 38 \quad 45 \quad 7)$

更新后的权值为

$$
\begin{aligned}
w \leftarrow w &- \varepsilon \Delta E \\
&= (1 \quad 0 \quad 1 \quad 0) - 0.001 \times (31 \quad 38 \quad 45 \quad 7) \\
&= (1 \quad 0 \quad 1 \quad 0) - (0.031 \quad 0.038 \quad 0.045 \quad 0.007) \\
&= (0.969 \; -0.038 \quad 0.955 \; -0.007)
\end{aligned}
$$

权值更新后，根据新权值 w 计算估测值，并重新计算整体误差。

当前值为

预期输出 $t = (3 \quad 6)$

估测值

$$wX = (0.969 \quad -0.038 \quad 0.955 \quad -0.007)\begin{pmatrix}1 & 5\\2 & 6\\3 & 7\\1 & 1\end{pmatrix}$$

$$= (3.751 \quad 11.295)$$

$$= Y$$

整体误差为

$$E = \sum_{n=1}^{2}\left\{\frac{1}{2}(y_n - t_n)^2\right\}$$

$$= \frac{1}{2}(y_1 - t_1)^2 + \frac{1}{2}(y_2 - t_2)^2$$

$$= \frac{1}{2}(3.751 - 3)^2 + \frac{1}{2}(11.295 - 6)^2$$

$$= 14.30051$$

整体误差约为 14.3，低于权值更新前的 18.5。

5. 权值迭代

至此遍历了全部样本（共 2 个），对权值进行了更新，完成 1 次 epoch。接下来使用更新后的权值 w，按照上述的步骤重新训练，完成第 2 次 epoch。如表 3.7 所示，2 次 epoch 后的整体误差约为 11.1，3 次 epoch 后降至 8.6 左右。完成的 epoch 次数越多，整体误差越小，权值 w 逐渐收敛至最优数值。

表 3.7　epoch 数与整体误差推移

	epoch 数			
	0	1	2	3
整体误差	18.5	14.3	11.1	8.6

注：小数点后的第 2 位进行四舍五入。

3 次 epoch 后，权值 w 更新如下：

3 次 epoch 后的权值[⊖] $w = (0.92 \quad -0.10 \quad 0.88 \quad -0.02)$

调用输入层 x 和输出层 y，上述算式可表示如下：

$$092x_1 - 0.1x_2 + 0.88x_3 - 0.02 = y$$

虽然完成的 epoch 次数越多，整体误差越低，但若次数过多，会导致过拟合现象。因此必须在检查验证数据集误差值的同时，设置合理 epoch 次数完成训练。

⊖ 小数点后的第三位进行四舍五入。

3.4.2 动量

下面运用式（3.3）更新权值。

动量（momentum）法是有效更新权值的方法之一，可以在大方向上保证权值更新量（向量）与前次权值更新量（向量）的一致性。譬如突然猛打汽车方向盘，但汽车轮胎也只能缓缓改变角度。

对前次权重向量进行差分，有

$$\Delta w^{(t-1)} = w^{(t)} - w^{(t-1)}$$

使用动量法更新权值 w，具体算式如下：

$$w^{(t+1)} \leftarrow w(t) - \varepsilon \Delta E + \mu \Delta w^{(t-1)} \tag{3.7}$$

式中 ε——学习率。

权值更新时，把前次权值向量的 μ 倍与权值相加。μ 通常设定为 0.8、0.9。图 3.6 是动量作用流程。

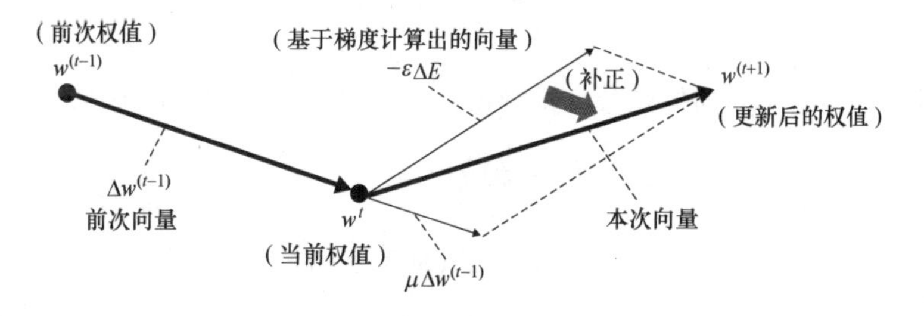

图 3.6 基于动量的更新权值

因为动量是在由梯度计算出的向量 $-\varepsilon\Delta E$ 和前次向量 $\mu\Delta w^{(t-1)}$ 的相同方向上求和，就像借助跳台进行跳跃然后沿陡坡滑雪，可以极大加速更新权值 w。尽管下降过程非常顺利，但往往会冲出跳台滑雪路线的尾端，即可能会出现无法收敛的问题。

为规避该问题，有人提出不要使用“当前梯度”，而是使用前次向量估测下一位置，然后把“估测位置的梯度”代入式（3.7）中的 ΔE。该方法可在正负梯度交替时，降低更新速度。该方法被称为 Nesterov momentum。

3.5 误差反向传播算法

在 3.4 节中介绍了基于单层全连接神经网络，运用随机梯度下降法更新权值的案例。本节将介绍多层神经网络中误差传递方法及权值更新法。

图 3.7 所示为 3 层神经网络。

图 3.7 是基于误差信号传播更新权值的示意图。各层梯度 ΔE 可根据误差信号 δ 和每层输出值计算。例如，我们可以根据 X_2 和 δ_3 计算出梯度 ΔE_3 值，再根据式（3.3）更新权值 w_3。

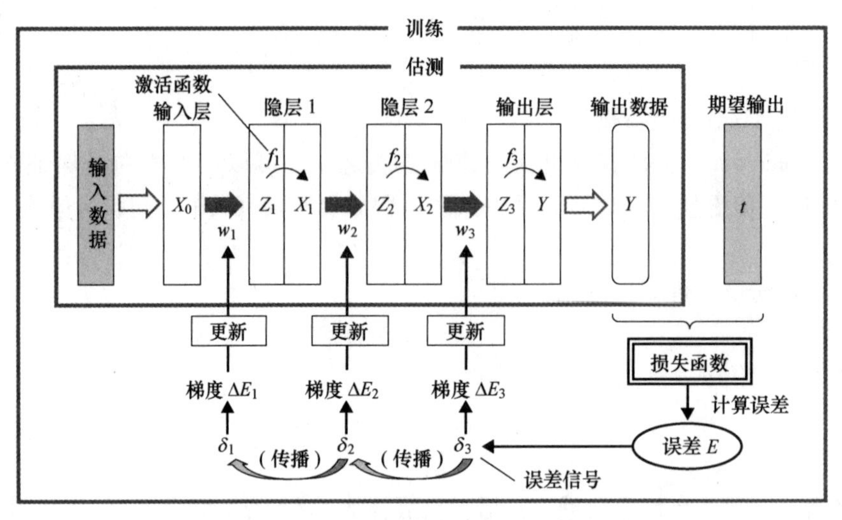

图 3.7　利用误差信号传播的更新权值的示意图

$$w \leftarrow w - \varepsilon \Delta E \qquad (3.3)（重用）$$

式中　ε——学习率。

下面使用均方误差作为损失函数，推导误差 E 表达式如下（式中函数 f 为激活函数）：

$$
\begin{aligned}
E &= \frac{1}{2}\|Y - t\|^2 \\
&= \frac{1}{2}\|f_3(w_3 X_2) - t\|^2
\end{aligned}
$$

图 3.8 是误差信号计算式。首先计算出输出层误差信号 δ_3，然后根据 δ_3 依次求解 δ_2 和 δ_1。这种由输出层通过反向传播将误差信号逐层向输入层反馈的算法称为误差反向传播算法（back propagation）⊖。

$$\delta_3 = (Y - t) \circ f_3'(Z_3)$$

$$\delta_2 = \left((W_3)^{\mathrm{T}} \delta_3\right) \circ f_2'(Z_2)$$

$$\delta_1 = \left((W_2)^{\mathrm{T}} \delta_2\right) \circ f_1'(Z_1)$$

图 3.8　误差信号传播计算

注：符号“∘”表示哈达玛积、矩阵乘法乘积。

把计算出的误差信号代入下列算式计算各层梯度 ΔE：

⊖　误差信号由输出层向输入层传播的方式称为反向传播。

$$\Delta E_3 = \delta_3 X_2^{\mathrm{T}}$$
$$\Delta E_2 = \delta_2 X_1^{\mathrm{T}}$$
$$\Delta E_1 = \delta_1 X_0^{\mathrm{T}}$$

然后在式（3.3）中代入梯度 $\Delta E_1 \sim \Delta E_3$ 值，更新各层权值。上述权值运算基本都是矩阵运算。

3.6 过拟合

由于深度学习涉及大量网络层数及神经元数，内部参数量巨大。譬如 VGG-16 的参数量高达1.4亿左右。不仅参数量巨大，训练数据集还包括抽样误差。最终可能导致基于训练数据集的估测准确率近似100%，生成的参数仅能完美预测训练集。但实际估测使用的数据是不同于训练数据集的未知数据，因此可能导致实际估测准确率低下。

这种生成训练数据集特定参数的现象被称作过度学习或过拟合。深度学习应尽量避免过拟合现象。

接下来向读者介绍防止过拟合的几种常见方法。

3.6.1 基于验证数据集的 epoch 数设置

使用随机梯度下降法，epoch 次数越多，整体误差越低，生成的权值可以完美预测训练数据集。图3.9是整体误差值与 epoch 次数的关系图。

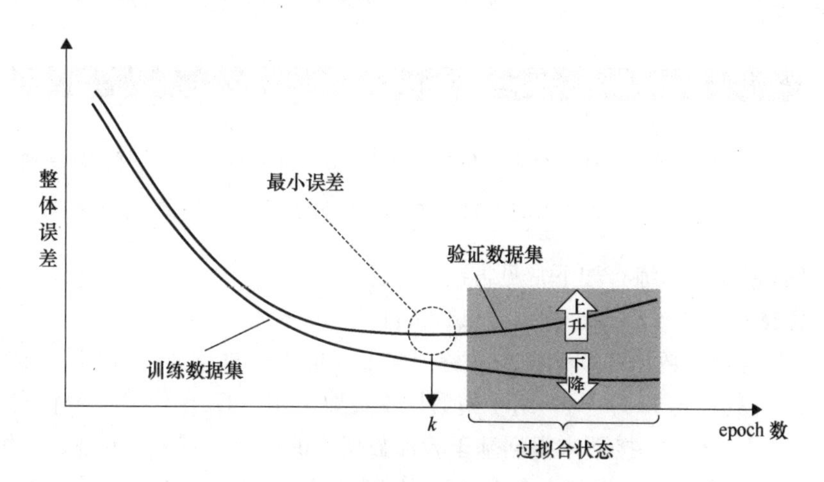

图3.9 整体误差与 epoch 次数

观察图3.9中的训练数据集，可以发现 epoch 次数越多，整体误差（training loss）值越低。相反，基于验证数据集的整体误差（validation loss）在一度走低后，反而会逆转呈现上升的现象。由于在训练中验证数据集不作为权值更新之用，导致验证数据集的误差值与实际估测中的误差值十分接近。因此在图 3.9 所示的状况中，可取验证数据集误差最小值 k 作为最优 epoch 数，并根据该 epoch 数计算出的权值进行估测。若 epoch 数大于 k，有可能导致过拟合的出现。

有时我们会用准确率（accuracy）来检测训练效果。

图 3.10 是在已知 100 个样本数据的真实分类的情况下，基于全部样本进行的估测结果。其中 72 个样本估测结果与真实分类一致，准确率如下：

准确率 $72 \div 100 = 0.72$

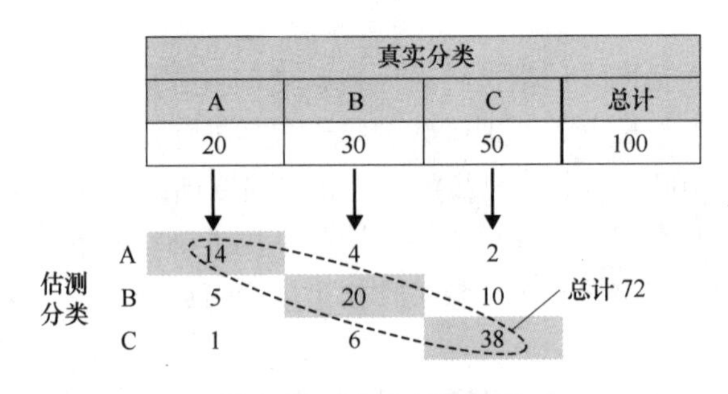

图 3.10 准确率计算表

每完成 1 次 epoch，都会显示验证数据集的准确率（validation accuracy），从中找到准确率最高的 epoch 次数，即最佳 epoch 次数。

图 3.11 是实际训练中的截图。根据检测到的 validation loss 和 validation accuracy 值，设置最优 epoch 数。

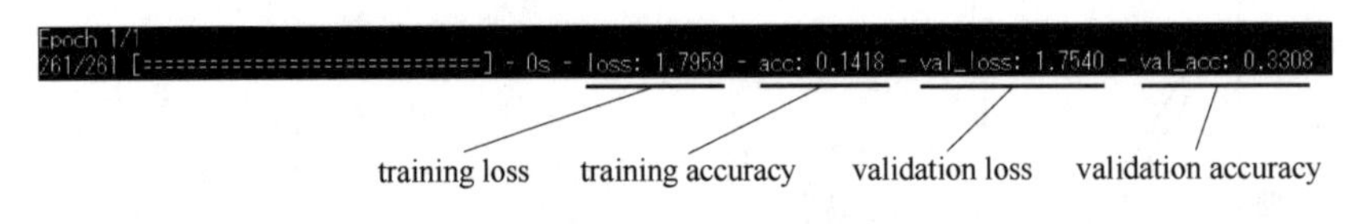

图 3.11 实际训练截图

基于验证数据集的训练有如下常见方法：

1. K 折叠交叉验证（K-fold cross-validation）

若有 N 个包含输入数据和期望输出的标记样本，把 N 个样本分成 K 组。例如若 $K=5$ 则分成 $G_1 \sim G_5$ 组（见图 3.12）。从 5 组子集数据中抽取 1 组（G_1）作验证数据集，其余 4 组作训练数据集（$G_2 \sim G_5$）。接下来根据基于验证数据集的误差设置 epoch 数，训练出模型 1。

接下来，以 G_2 为验证数据集，其余 4 组作训练数据集（$G_1 \sim G_5$）。同样根据基于 G_2 验证数据集的误差值确定 epoch 数，训练出模型 2。

后面分别使用 G_3、G_4、G_5 作验证数据集，训练出模型 3、模型 4 和模型 5。

最后基于测试数据集，计算模型 1 ~ 模型 5 的 5 个估测结果。然后取 5 个估测结果的平均值作为最终估测结果。

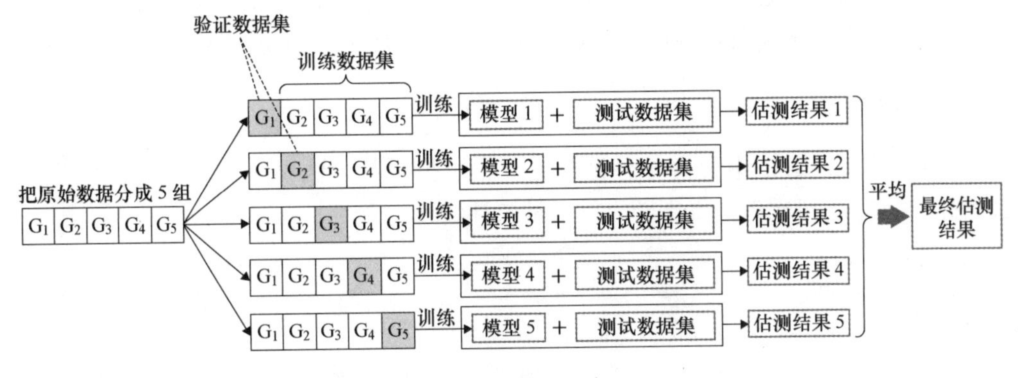

图3.12　5折交叉验证

2. holdout验证

若有N个包含输入数据和期望输出的标记样本，可按照一定比例随机从中选出部分样本作为验证数据集。例如，随机抽取8成样本作训练数据集，剩下的2成作为验证数据集。然后基于选取的验证数据集的误差值设置epoch数来训练模型。接下来基于训练出的模型生成估测结果。

第4章中会用到holdout验证。随机选取原始数据的50%[㊀]作为训练数据集，其余50%作验证数据集，训练出模型1。然后重复上述操作训练出模型2。接下来基于测试数据集，分别计算模型1和模型2的估测结果，并取2次估测结果的平均值作为最终估测结果。

3.6.2　正则化

深度学习网络权值（参数）量巨大。在训练中，通过约束参数来防止过拟合的方法称为正则化（regularization）。

权值衰减[㊁]（weight decay）是正则化的一种方式，即在原本损失函数基础上加上“权值的平方和”，构造一个新的损失函数。更新权值本是为了降低损失函数的值，而权值衰减却是对参数加以约束防止更新权值时出现极大值或极小值的方法。

使用均方误差作损失函数，带权值衰减的损失函数算式如式（3.8）所示。

$$E=\frac{1}{2}\|wX-t\|^2+\frac{\lambda}{2}\|w\|^2 \tag{3.8}$$

此时的梯度ΔE计算式如下，

$$\begin{aligned}\Delta E&=\frac{\partial E}{\partial w}=(wX-t)X^{\mathrm{T}}+\lambda w\\&=(Y-t)X^{\mathrm{T}}+\lambda w\end{aligned} \tag{3.9}$$

㊀　为方便读者掌握不同模型的估测精度，本书只选取总样本数的50%作为训练数据集。

㊁　也称L2正则化。

式中 X^{T}——X 的变换矩阵，因激活函数是恒等函数，故省去了激活函数相关算式；

λ——权重衰减系数，多设置在 0.0001 ~ 0.000001 的较低范围区间内。

3.6.3 dropout

dropout 指在训练过程中舍弃部分神经元防止过拟合的方法（见图 3.13）。逐层设置神经元的稀疏比例 p，每次训练重新随机挑选稀疏神经元。

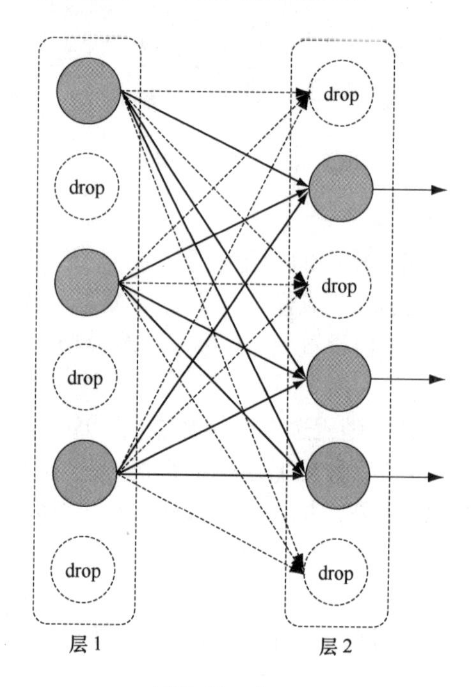

图 3.13 dropout

dropout 被广泛应用于全连接层和卷积层当中，p 多设置为 0.5。

3.7 数据扩充与预处理

数据扩充（Data Augmentation）是深度学习中提升估测精度和防止过拟合的常用方法。数据扩充指用基于训练数据集生成近似数据集的方法来增加样本量。

在图 3.14 中，我们对“狗”类别下的原始图像进行了仿射变换，通过“旋转”和“剪切”处理，生成了两张新图，为“狗”类别的训练数据集扩充了两个样本。

对于图像数据，数据扩充还有水平翻转、裁剪、扭曲、颜色抖动以及添加噪声等方法。

数据扩充还可有效扩充测试数据集。假设图 3.14a 是测试图像，那么可对图 3.14b 和 c 进行估测，最后取三个估测结果的平均值。

若训练数据集或测试数据集存在奇异样本，应在训练前对其进行预处理（pre-process-

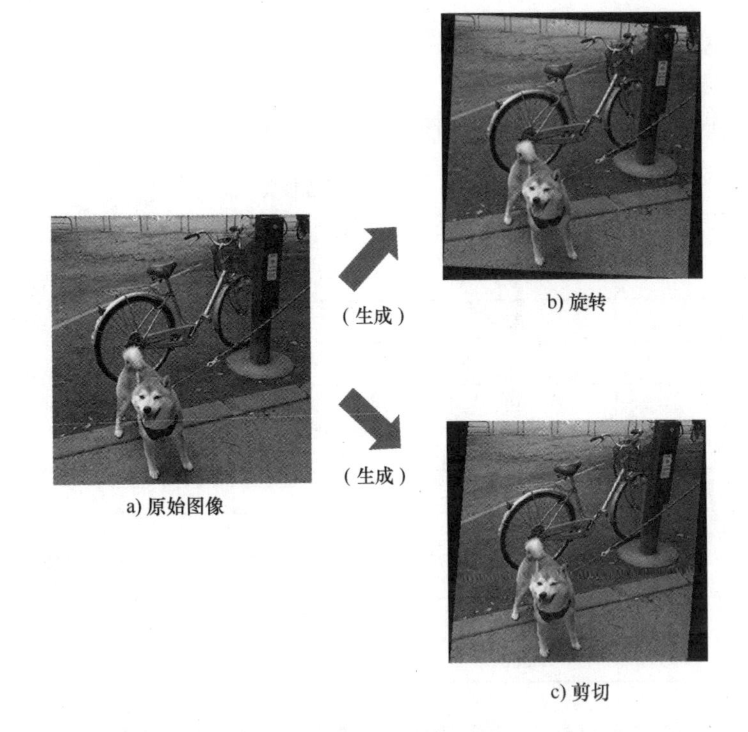

a) 原始图像　b) 旋转　c) 剪切

图 3.14　数据扩充示例

ing)。不仅要对训练集进行预处理，还要对测试集进行预处理。

常用的预处理方法有数据归一化（Normalization of Data)。数据归一化指在训练前将各原始数据归一化为均值为 0，方差为 1 的数据集。

为提升估测精准度，常常会对图像进行预处理，即自动框选目标对象。例如，若图像估测结果是犬类，便会剔除非目标对象“自行车”，仅框选“犬类”目标区域并对其进行训练和估测。图 3.15 采用了本书后面将提到的目标检测技术，框选出“犬类”图像区域作为训练数据集。切记在估测前应对测试数据集进行相同处理。

a) 原始图像　b) 框选区域

图 3.15　框选目标对象

3.8 预训练模型

表 3.8 是常见于图像分类估测的预训练模型。

表 3.8 常见预训练模型

模型名称	层数	判定错误率（%）	备注
AlexNet	8	16.4	ILSVRC 2012 冠军
GoogLeNet	22	6.7	ILSVRC 2014 冠军
VGG-16	16	7.3	ILSVRC 2014 亚军（两个模型参赛）
VGG-19	19		
ResNet-18	18		
ResNet-34	34		
ResNet-50	50		
ResNet-101	101		
ResNet-152	152	3.57	ILSVRC 2015 冠军
ResNet-200	200		

表 3.8 中的预训练模型都是基于 ILSVRC 大赛搭建的模型。因 ILSVRC 大赛的图像分类共 1000 类，所以上述预训练模型的输出层神经元数量也都是 1000 个。虽然模型权值是基于 ILSVRC 大赛使用的 ImageNet 图像训练生成的数据，但也可适用在 ImageNet 之外的图像集上。据说在对只有少量样本数的训练数据集的训练上发挥了巨大的作用。这种使用预训练模型的学习方法叫作迁移训练。

预训练模型有下述两种使用途径：

1. 特征提取器

一般使用带有预训练权值的预训练模型作为特征提取器（见图 3.16）。

输入值由使用预训练模型的特征提取器转换成特征向量，然后再作为新输入值，基于支持向量机等识别模型向期望输出靠近。

2. Fine-tuning

Fine-tuning[⊖] 指用预训练模型权值作为神经网络权值初始值，对新的训练数据集进行再训练的方法。由于基于 ImageNet 的预训练模型的输出层有 1000 个神经元，所以这里需要按照新训练数据集的标准调整输出层神经元个数。例如假设新训练数据集共包含 10 类图像，那么输出层神经元数应设置为 10（见图 3.17）。另外还要根据输入层神经元数量去调整原始

⊖ 无监督预训练后，利用识别模型促使结果朝期望输出靠近的方法也称作 Fine-tuning。

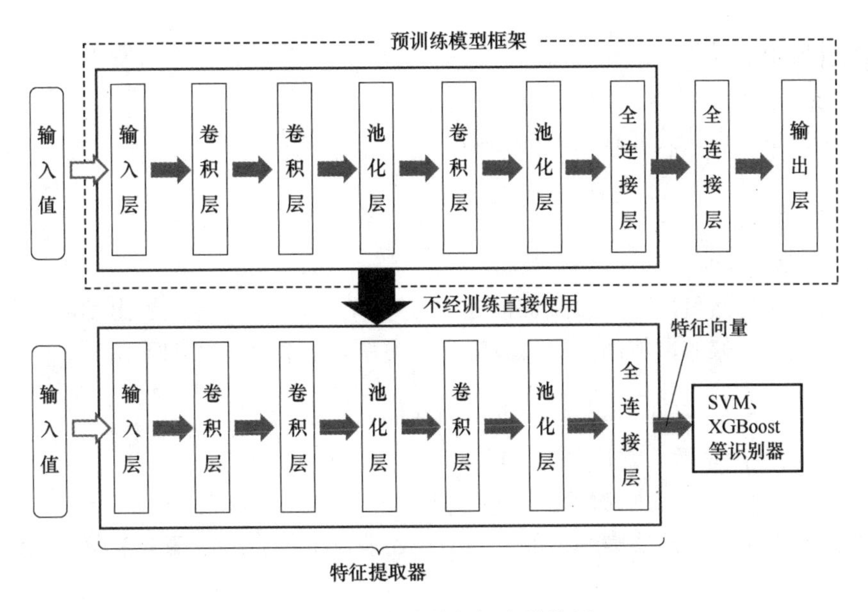

图 3.16 作为特征提取器使用

图像尺寸。

Fine-tuning 能够让我们在比较少的 epoch 次数后得到一个较好的结果。

本书将在第 4 章对使用预训练模型进行 Fine-tuning 的方法具体说明。

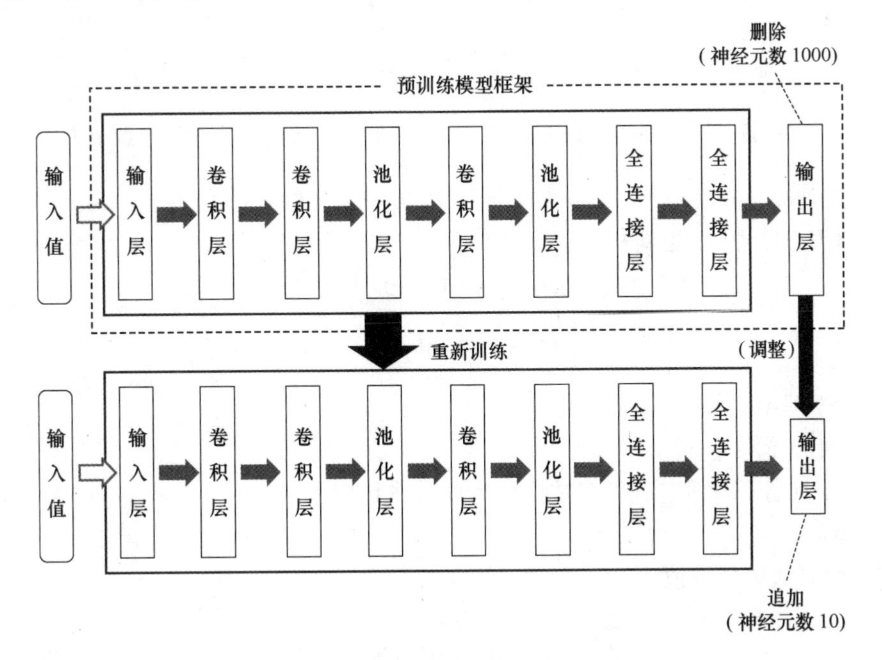

图 3.17 基于预训练模型的 Fine-tuning

3.9 学习率的调整

通常，权值更新表达式如式（3.3）所示。

$$w \leftarrow w - \varepsilon \Delta E \tag{3.3}$$（再用）

式中 ε——学习率；

ΔE——梯度。

小的学习率 ε 虽然可以稳定收敛，但是学习速率太慢。因此有人提出学习率衰减法，即促使学习率随迭代次数的增加而下降的方法。学习率 ε 的衰减公式如下：

$$\varepsilon \leftarrow \frac{\varepsilon}{(1+\rho n)}$$

式中 ρ——学习衰减系数，常用值为 10^{-6}；

n——小批量训练的实践次数。

学习率的调整会影响到估测的精准度，中间还涉及多种算法。接下来向大家介绍常见的调整学习率的方法。

（1） AdaGrad

按照下列算式更新权值：

$$\begin{cases} g \leftarrow g + (\Delta E)^2 \\ w \leftarrow w - \dfrac{\varepsilon}{\sqrt{g}} \Delta E \end{cases}$$

式中 ε——学习率；

$(\Delta E)^2$——平方梯度。

若迭代次数增加，则 g 的累积和越大，而 $\frac{\varepsilon}{\sqrt{g}}$ 的值相反越小，从而导致 w 的更新量降低。

（2） RMSProp

微调 AdaGrad 算式，更新权值。

$$\begin{cases} g \leftarrow \alpha g + (1-\alpha)(\Delta E)^2 \\ w \leftarrow w - \dfrac{\varepsilon}{\sqrt{g}} \Delta E \end{cases}$$

式中 ε——学习率；

$(\Delta E)^2$——平方梯度；

α——g 加 ΔE 的固定值，多被设置为 0.9 或 0.95。

（3） Adam

按照下列算式更新权值[⊖]：

⊖ Diederik P. Kingma，Jimmy Lei Ba：ADAM A METHOD FOR STOCHASTIC OPTIMIZATION。

$$
\begin{cases}
m \leftarrow \beta_1 m + (1-\beta_1)\Delta E \\
v \leftarrow \beta_2 v + (1-\beta_2)(\Delta E)^2 \\
\overline{m} \leftarrow \dfrac{m}{1-\beta_1^n} \\
\overline{v} \leftarrow \dfrac{v}{1-\beta_2^n} \\
w \leftarrow w - \varepsilon \dfrac{\overline{m}}{\sqrt{\overline{v}}}
\end{cases}
$$

式中 ε——学习率；

n——小批量训练的迭代次数；

m——加权平均值；

v——权值方差。

计算过去梯度 ΔE 的均值和方差，同步更新权值。即便梯度 ΔE 发生剧烈变化，仍可稳定收敛。

β_1 和 β_2 值通常设定在 0~1 的区间范围内。通常，$\beta_1=0.9$，$\beta_2=0.999$。

知识扩展

全连接层与卷积层的区别

前面在第 2 章中利用卷积核介绍了卷积层。下面通过比较全连接层和卷积层的算式，探讨两者的不同之处。

图 C3.1 是单层网络。“(a) 全连接层”的 z 与 x_1 ~ x_5 的所有神经元相连接。

图 C3.1a 全连接层中的 z 与 x 的关系可用算式表示为

$$
\begin{cases}
a_{11}x_1 + a_{12}x_2 + a_{13}x_3 + a_{14}x_4 + a_{15}x_5 + b_1 = z_1 \\
a_{21}x_1 + a_{22}x_2 + a_{23}x_3 + a_{24}x_4 + a_{25}x_5 + b_2 = z_2 \\
a_{31}x_1 + a_{32}x_2 + a_{33}x_3 + a_{34}x_4 + a_{35}x_5 + b_3 = z_3
\end{cases}
$$

式中 x 的系数 a 和 b 都是权值（参数），总共有 18 个参数。

与之相对，在图 C3.1b 卷积层中，z 只与特定的 3 个 x 相连。例如，z_2 仅与 x_2、x_3、x_4 相连。

卷积层中的 x 和 z 的关系可用如下公式表示：

卷积层

$$
\begin{cases}
a_1x_1 + a_2x_2 + a_3x_3 \qquad\qquad\qquad\qquad + b = z_1 \\
\qquad\quad a_1x_2 + a_2x_3 + a_3x_4 \qquad\qquad + b = z_2 \\
\qquad\qquad\qquad a_1x_3 + a_2x_4 + a_3x_5 \quad + b = z_3
\end{cases}
$$

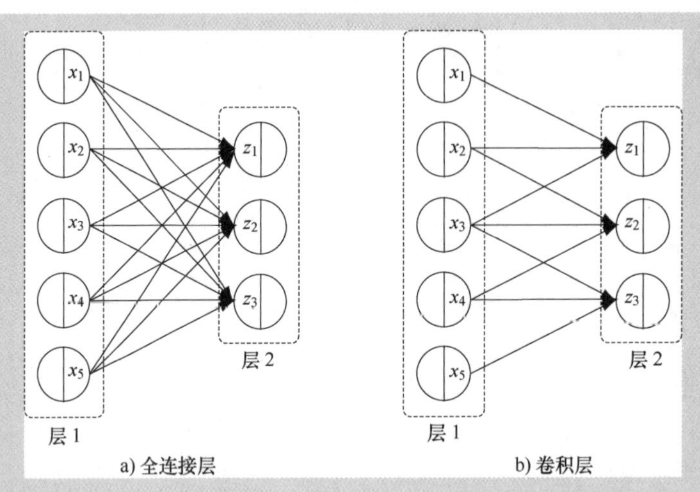

图 C3.1 全连接层和卷积层

在 z_1 的算式中，a_1、a_2、a_3 和 b 均为权值，都代表了卷积层中的“卷积核”。z_2、z_3 中的权值（卷积核）与 z_1 相同。图 C3.1b 是一个卷积核尺寸为 3，步幅为 1 的卷积层。由算式可知，卷积层是全连接层的扩展网络。

卷积层只有 a_1、a_2、a_3 和 b 4 个参数，而全连接层的参数数量有 18 个。由此可见卷积层的参数量非常少。

由于全连接层的参数量会随着神经网络层数的增加而激增，而卷积层的参数量却得到了有效控制，因此 CNN 模型被广泛应用于深度多层网络。

第 4 章　图像识别分类

本章将利用深度学习机尝试进行实际训练和估测。首先是制作公共数据，然后运用公共数据分别对 9 层、16 层和 152 层网络进行训练和估测，最后比较三个网络的估测精度。

本章 4.6 节将向读者介绍利用多种技术提升估测精度的方法。

本章及后续章节中使用的示例程序均可直接在 Ohmsha 的主页上下载使用。

4.1　概要

本章将对 Caltech 101 图片进行图像分类训练。表 4.1 是本章主要使用的程序及相关介绍。4.2 节是公共数据的制作，4.3 ~ 4.6 节是对公共数据进行 6 类图像识别分类以及模型估测精度的比较。

表 4.1　第 4 章使用程序一览表

章节	内容	使用数据	语言	框架	主要使用程序名	备　注
4.2	数据制作	Caltech 101	Python	—	migration_data_caltech101. py	从 Caltech 101 中抽取 6 类图片
					data_augmentation. py	数据扩充
4.3	图像识别分类	Caltech 101 中的 6 类图像数据	Python	Keras	9_Layer_CNN. py	搭建 9 层神经网络
4.4					VGG_16. py	基于 VGG-16(16 层)
4.5			Lua	Torch	main. lua opts. lua dataloader. lua datasets/caltech101-gen. lua datasets/caltech101. lua models/init. lua average_outputs. py (其他)	基于 ResNet-152(152 层) (本书程序参考网站) https://github. com/facebook/fb. resnet. torch
4.6			Python	Keras	multiple_model. py average_3models. py make_pseudo_label. py pseudo_model. py	基于 9 层神经网络 • 模型平均 • Stacked Generalization • 伪标签

1. 关于公共数据的制作

在4.2节将制作4.3节及后续内容使用的公共数据。Caltech 101是一个包含101类物体图像的图像数据包。先要下载Caltech 101图像数据集。为了能尽早开始分类训练，使用程序migration_data_caltech101.py从Caltech101中提取图像张数较多的6类（见表1.1），共2600张图片。

同时，程序migration_data_caltech101.py还会把抽取的图片随机分成如下三个数据集[⊖]。

- 训练数据集（261张）。
- 验证数据集（260张）。
- 测试数据集（2079张）。

由于Caltech 101图像数据集的图像品质非常高，用作模型训练都能使模型获得较高的估测精度，也因此很难检测出各类模型本身的估测准确度。所以我们按照1:1[⊜]的样本数比例设置训练数据集和验证数据集，每个数据集中均有261张（2600个样本的$\frac{1}{10}$）图片。其余都用作测试数据集。

由于训练过程要运行2次holdout验证，所以要利用migration_data_caltech101.py程序把初始训练集和验证集重新集合并按照比例划分成新的训练集和验证集。训练数据集的样本数达到261×2（组）。

然后在4.2节中利用程序data_augmentation.py扩充各数据集至原始数据集的5倍[⊜]。通过数据扩充，各holdout验证的训练数据集样本数达到261×5=1305。

2. 图像识别分类实操

扩充测试数据集至原始数据的5倍后，测试数据集的图片达2079×5=10395张。因为要对模型进行2次holdout验证，所以最终要估测的样本数达20790张，是原始数据的10倍。最后取20790张图片的识别分类估测结果均值，作为2079张图片的估测结果。

4.3节中将基于Keras搭建9层卷积神经网络进行图像分类。4.4节和4.5节将利用预训练模型对图像进行分类。表4.2是本章使用预训练模型一览表。

4.6节中将介绍基于9层卷积神经网络进一步提升估测精度的方法，即由根特大学和Google DeepMind公司共通组建的联合参赛队在2015年3月Kaggle海洋浮游生物分类比赛中斩获桂冠所采用的方法。先用堆栈泛化（Stacked Generalization）生成伪标签，然后利用自训练（Self Training）提升估测精度。

⊖ 通常，测试数据集不含期望输出。不过本次使用的Caltech101图像数据集均附有期望输出，因此本次最终生成的测试数据也包含期望输出。

⊜ 通常，训练数据集与验证数据集的样本数比为8:2~9:1。

⊜ 考虑到计算机运算时间，只设置了数据扩充5倍规模。根据情况需求，不排除数据扩充为原始数据的数十倍的可能性。

表 4.2　第 4 章使用预训练模型一览表

<table>
<tr><th>章节</th><th>预训练模型名称</th><th>URL（下载）</th><th>文件大小</th></tr>
<tr><td rowspan="2">4.4</td><td rowspan="2">VGG-16</td><td>https://gist.github.com/baraldilorenzo/07d7802847aaad0a35d3#contents</td><td rowspan="2">约 530MB</td></tr>
<tr><td>Very Deep Convolutional Networks for Large-Scale Image Recognition, K. Simonyan, A. Zisserman, arXiv: 1409.1556</td></tr>
<tr><td>4.5</td><td>RexNet-152</td><td>https://github.com/facebook/fb.resnet.torch/tree/master/pretrained</td><td>约 460MB</td></tr>
</table>

4.2　公共数据的制作

本章使用的工具是“Anaconda”。若出现下述命令提示符即代表已进入 Anaconda 下的 main 环境。

```
(main)$
```

执行下述命令，进入 Anaconda 环境的 main。

```
$ source activate main
```

有关 Anaconda 的安装问题请参阅 1.4 节。

4.2.1　下载图像数据集

在深度学习机的浏览器上，打开下述链。

http://www.vision.caltech.edu/Image_Datasets/Caltech101

图 4.1 是 Caltech 101 首页。单击下载首页上的“101_ObjectCategories.tar.gz（131Mbytes）”进行下载。

把下载文件 101_ObjectCategories.tar.gz 保存在 ~/archives 路径下，然后执行命令 4.1，在 ~/data 路径下解压缩数据。

命令 4.1

```
$ cd ~/archives
$ tar xvf ./101_ObjectCategories.tar.gz -C ../data/
```

解压缩后，Caltech101 的图像数据被保存在下述路径中。

```
/home/taro/data/101_objectcategories
```

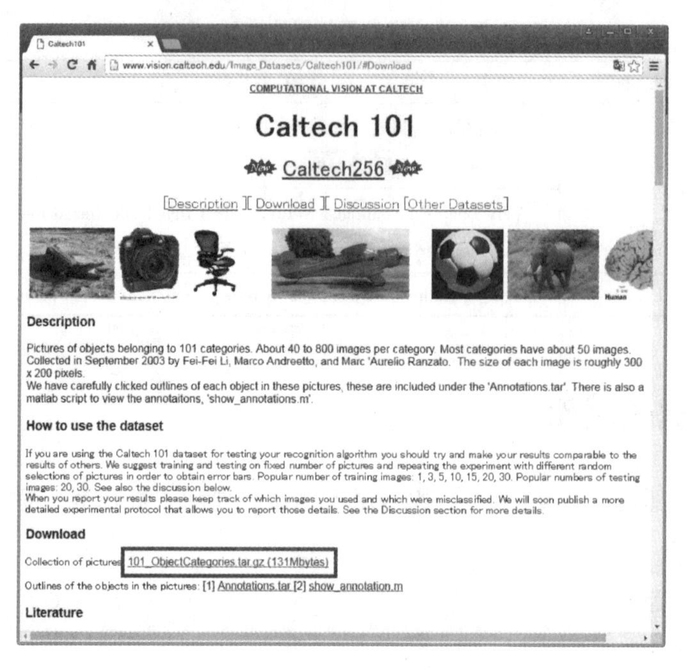

图 4.1　Caltech 101 下载页面

4.2.2　数据提取和基础数据集的制作

Caltech 101 共包含 101 类物体图像，从中提取 6 类图像数据集，随机划分为训练集、验证集及测试集三类数据集。表 4.3 是随机划分后的各数据集的样本数。图 4.2 是从 Caltech 101 中提取的 6 大类样本图片，图片质量高，目标对象均位于图片中央。

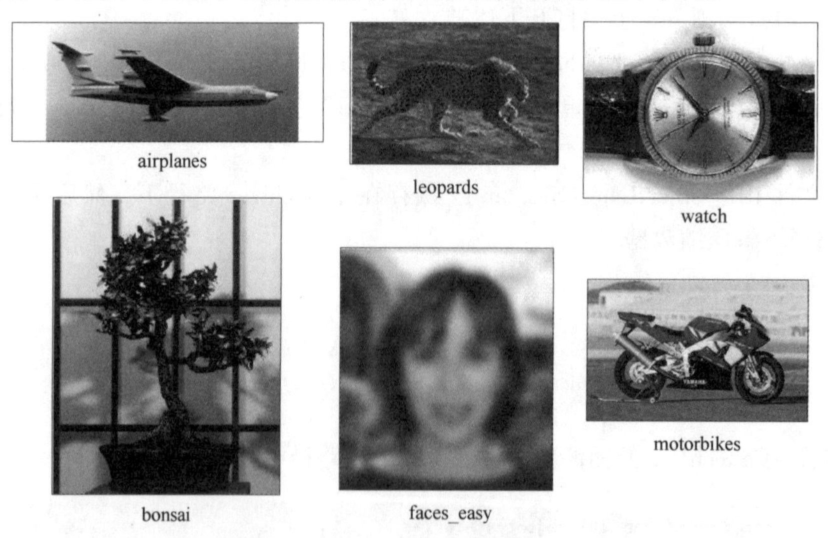

图 4.2　Caltech 101 的样本图片

使用程序 migration_data_caltech101. py 来实现图像提取和随机划分的任务。该程序被解压缩保存在 ~/projects/4-2 路径中[⊖]。

运行程序前，需要安装 Python 的数值计算扩展库 Numpy。执行命令 4. 2，在 Anaconda 的环境 main 下安装 Numpy。

表 4. 3　6 大类别的基本数据集（样本数）

	训练集	验证集	测试集	共计
airplanes	80	80	640	800
motorbikes	80	80	638	798
faces_easy	44	43	348	435
watch	24	24	191	239
leopards	20	20	160	200
bonsai	13	13	102	128
合计	261	260	2,079	2,600

命令 4. 2

```
$ source activate main
(main)$ pip install numpy
```

执行命令 4. 3，抽取并随机分配数据。

命令 4. 3

```
$ cd ~/projects/4-2
$ source activate main
(main)$ python ./migration_data_caltech101.py
```

运行程序，生成图 4. 3 所示目录。

在目录 train 及 valid 下生成 0、1 两个目录，下面分别保存了提取的 6 类图像数据集。其中，0 为第一次 holdout 验证用数据，1 为第二次 holdout 验证用数据。

制作第 2 次 holdout 检验用的数据库，可参考如下操作：以 “airplanes” 为例，集合该类别下训练集和验证集共 160 张的样本，随机划分为新训练集和新验证集。

表 4. 4 是与类型名对应的目录名称表。

表 4. 3 是随机划分生成类别数据图。若想对目前各数据集的样本数进行调整，可以通过

⊖ 该程序已在 1. 5 节 “程序下载” 的环节中保存并解压。

```
/home/taro/data/Caltech-101
                    ├ label.csv
                    ├ test  ←测试数据集用目录
                    │ ├ 0  ←类别(airplanes)
                    │ ├ 1  ←类别(motorbikes)
                    │ ├ 2  ←类别(faces_easy)
                    │ ├ 3  ←类别(watch)
                    │ ├ 4  ←类别(leopards)
                    │ └ 5  ←类别(bonsai)
                    ├ train ←训练数据集用目录
                    │ ├ 0  ←holdout1
                    │ └ 1  ←holdout2
                    ├ train_org  ←复制的6类图像数据
                    │ ├ 0  ←类别(airplanes)
                    │ ├ 1  ←类别(motorbikes)
                    │ ├ 2  ←类别(faces_easy)
                    │ ├ 3  ←类别(watch)
                    │ ├ 4  ←类别(leopards)
                    │ └ 5  ←类别(bonsai)
                    └ valid ←验证数据集用目录
                      ├ 0  ←holdout1
                      └ 1  ←holdout2
```

图 4.3　数据集目录结构

编集程序 4.1 中的变量 train_nums、valid_nums 和 test_nums 来实现⊖。

程序 4.1　migration_data_caltech101.py（摘录）

```
# 设置训练、评估、测试用的样本数
train_nums = [80,80,44,24,20,13]
valid_nums = [80,80,43,24,20,13]
test_nums = [640,638,348,191,160,102]
```

表 4.4　类型名与目录名对应表

目　录　名	类　型　名
0	airplanes
1	motorbikes
2	faces_easy
3	watch
4	leopards
5	bonsai

⊖ 数据集的样本总数是无法更改的。例如，“airplanes”的样本数必须有 80 个 + 80 个 + 640 个 = 800 个。

4.2.3　数据扩充和公共数据集的制作

首先按照步骤①～④，安装各学习库。因为在 NumPy 上基于 Keras 进行深度学习时，界面有可能报错，因此需要在第④步中下载 NumPy。

① 安装 Theano、Keras。

```
$ source activate main
(main)$ pip install Theano==0.8.2
(main)$ pip install Keras==1.0.8
(main)$ pip install h5py==2.6.0
(main)$ pip install pandas==0.19.0
(main)$ pip install matplotlib==1.5.3
```

② 安装 Open-CV。

```
(main)$ source deactivate
$ conda install -c anaconda opencv
$ conda install -n main opencv
```

③ 安装 scikit-image。

```
$ source activate main
(main)$ pip install scikit-image==0.12.3
```

④ 安装 NumPy。

```
$ source activate main
(main)$ pip install numpy==1.10.0
```

数据扩充指通过对图像数据进行翻转、扭曲、模糊及添加噪声等方式增加数据的方法。若训练集样本数不足，先进行数据扩充再训练有助于取得较好的训练效果。即使训练集样本数充足，扩充数据也可帮助克服过拟合问题。

接下来将基于 Python 的 scikit-image 学习库，对原始图像进行翻转、扩缩、平行移动以及裁剪等操作生成新图像。生成的新图像依然属于其原始图像类别，从而有效扩充了数据集的样本数。下面将分别扩大训练集、验证集和测试集为原始数据集的 5 倍。

使用的程序是被解压缩保存在～/projects/4-2 路径下的 data_augmentation/py。

执行命令 4.4，扩充数据。

命令 4.4

```
$ cd ~/projects/4-2
$ source activate main
(main)$ python ./data_augmentation.py
```

执行命令生成图 4.4 所示目录结构。目录 all 下的是第 1 次及第 2 次 holdout 检验用的数据。该数据将在 4.5 节“ResNet-152 下的识别分类”中使用。

valid 与目录 train 结构相同。

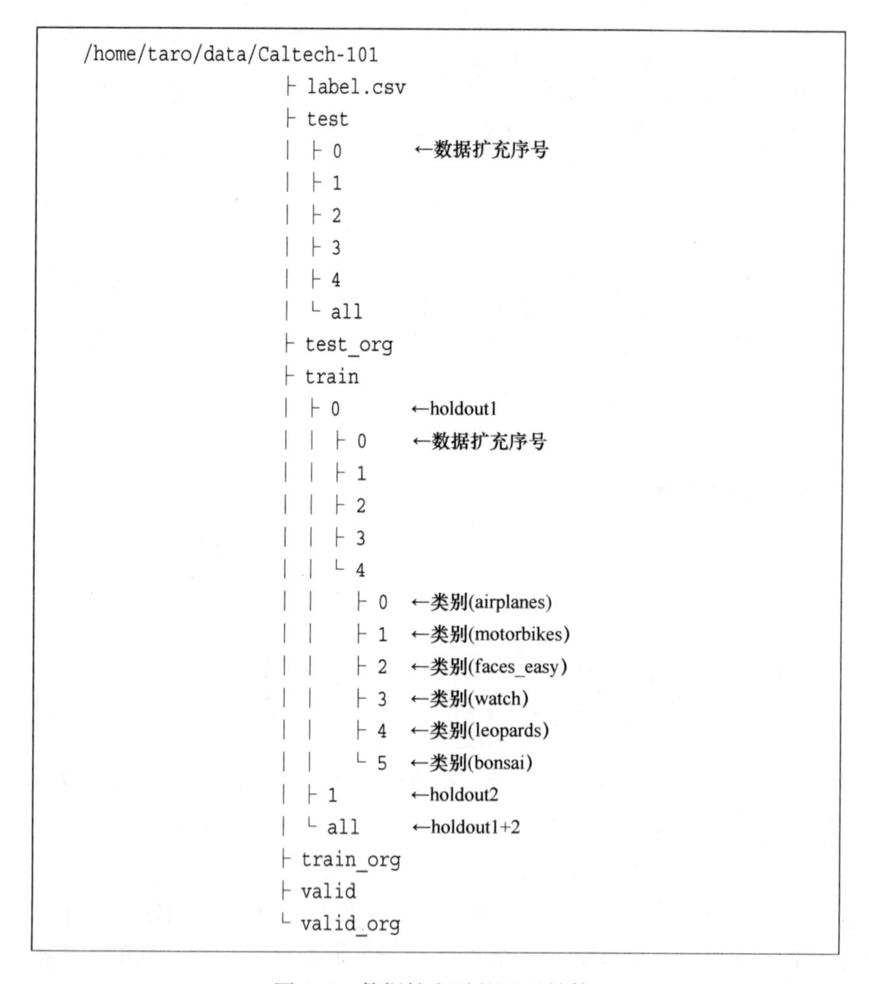

图 4.4 数据扩充后的目录结构

用期望输出即类型名作为目录名。类型名（譬如 0 目录）目录下包含该类别的全部图像文件。进行深度学习时，可以根据目录名，把期望输出调整为程序内部变量。

图 4.5 是利用数据扩充生成的图像示例，所有图像像素均为 224×224。

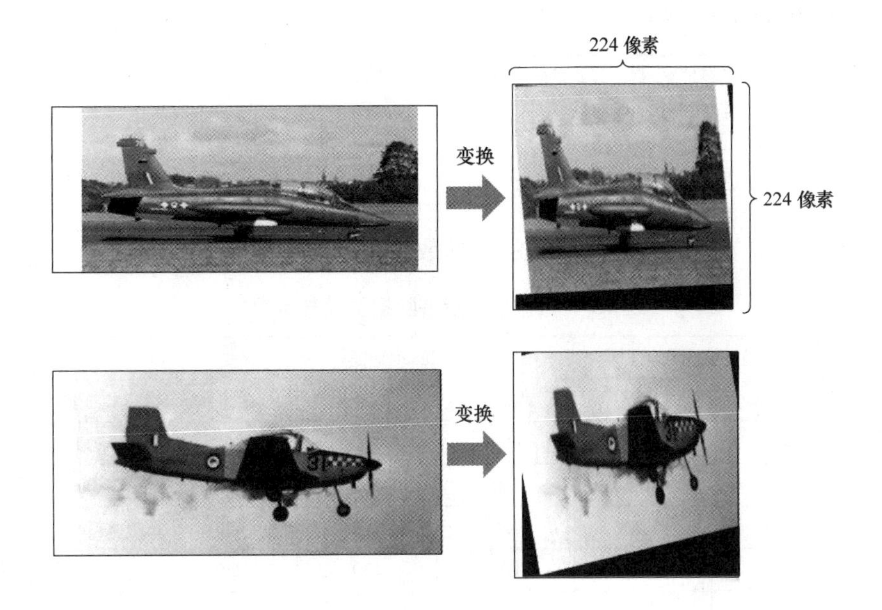

图 4.5　数据扩充图像示例

图像扩缩、翻转等图像数据扩充参数按照程序 4.2 所示进行设定。可通过对单张图片进行扩缩、翻转等 6 类图像转换处理的方式来生成新图片。

程序 4.2　data_augmentation.py（摘录）

```
# data_augmentation 参数
augmentation_params = {
    # 扩大 (设定宽高比) 1倍
    'zoom_range': (1 / 1, 1),
    # 旋转角度 -15°~ 15°以内
    'rotation_range': (-15, 15),
    #  裁剪 (角度) -20°~ 20°以内
    'shear_range': (-20, 20),
    #平行移动 (像素) -30 ~ 30以内
    'translation_range': (-30, 30),
    # 翻转
    'do_flip': False,
    # 扩缩 (不设定宽高比)纵横1/1.3 ~ 1.3倍以内
    'allow_stretch': 1.3,
}
```

每张原始图片最后生成 5 张新图片（5 倍）。若想扩充更多图像数据，可更改程序 4.3 中的 xrange 参数和随机变量 seed 中的常数 5。

程序 4.3　data_augmentation.py（摘录）

```
# 由于要扩充5倍，因此要反复操作5次
for s in xrange(5):
    seed = cv * 5 + s
    np.random.seed(seed)
```

表 4.5 是数据扩充后，各数据集中的样本数。

表 4.5　数据扩充后各数据集（样本数）

	第 1 次 holdout 验证		第 2 次 holdout 验证		all		测试集
	训练集	验证集	训练集	验证集	训练集	验证集	
airplanes	400	400	400	400	800	800	3200
motorbikes	400	400	400	400	800	800	3190
faces_easy	220	215	220	215	440	430	1740
watch	120	120	120	120	240	240	955
leopards	100	100	100	100	200	200	800
bonsai	65	65	65	65	130	130	510
合计	1305	1300	1305	1300	2610	2600	10395

注：“all”是“第 1 次 holdout 验证”和“第 2 次 holdout 验证”的所有数据。

图像数据的预处理（pre-processing）是在深度学习运行程序内部进行的。

4.3　基于 9 层神经网络的识别分类

使用预训练模型前，先来了解一下基于 Keras 搭建的 9 层神经网络进行深度学习“训练”和“预测”的基本步骤。

Keras 的相关信息请参考如下网址：

① 官方网站　https://keras.io/。

② 日本网站　https://keras.io/ja/。

4.3.1　网络概要

接下来要介绍的是 9 层卷积神经网络模型，包含 6 层卷积层（conv）和 3 层全连接层（fc）。图 4.6 是 9 层卷积神经网络模型结构图。

卷积层（conv）中用 3×3 的卷积核作为边界填充，令卷积输入和输出尺寸保持一致。池化层（pool）的池化规模为 2×2，步幅为 2。池化层中使用 MaxPooling。激活函数主要利用 Leaky ReLU，但输出层（fc 6）的激活函数为 Softmax。在全连接层中（fc）中使用 drop-

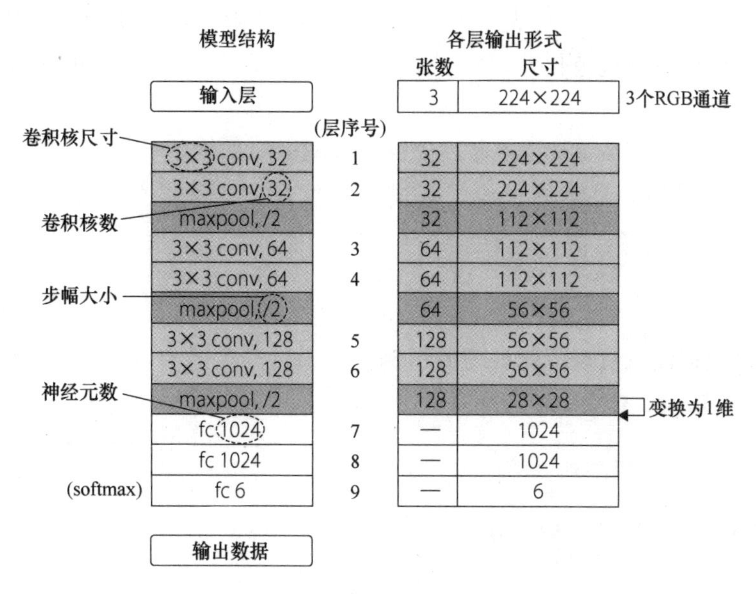

图 4.6　9 层模型结构

out，舍弃 50% 的神经元。

如图 4.6 中“各层输出形式”所示，输入层输出了 3 张（RGB）像素为 224×224 的大尺寸图像。在第 1 层卷积层中使用 32 个卷积核对原始图像进行卷积，最终生成输出了 32 张像素为 224×224 的大尺寸特征映射。

第 5 层卷积层输出 128 张像素为 56×56 的大尺寸特征映射。在第 6 层卷积层中，经 128 个卷积核进行卷积，最终输出 128 张像素为 56×56 的大尺寸特征映射。第 6 层池化层把特征映射尺寸缩小至像素为 28×28，特征映射张数维持不变。

第 7 层是全连接层（1 维），把（128，28，28）转换为 1 维后向第 7 层输入。

4.3.2　训练与模型搭建

9 层卷积神经网络的运行程序是 9_Layer_CNN.py。该程序被解压缩保存在 ~/projects/4-3 目录下。

程序运行前，先了解一下程序的内部要点。

1. 数据读取及预处理

首先利用基于 Python 的 glob 学习库从包含大量图像的目录中获取图像清单，再利用 OpenCV 分张读取清单下的全部图片。将图像标准化后，打乱图像顺序，生成训练用的最终图像数据。其中，图像尺寸统一调整像素为 224×224。

用目录名关联目录内图像和类型名。若目录名为 1，利用程序按照（0，1，0，0，0，0）的排列进行 6 维变化生成期望输出。这种每条序列中仅有单个要素为 1，其余要素为 0 的数据称作 one-hot 编码。

预处理（pre-proccessing）可大幅提升模型训练速度和估测精度。由于图像亮度及对比度不同，必须对图像进行规范化处理。下面将利用 Global contrast normalization 对图像进行归一化处理。

Global contrast normalization 是指通过求解每张图像的平均值 $\bar{x}$ 和标准差 σ，然后利用式（4.1）完成图像数据的规范化的过程。在进行深度学习训练及估测前，都应设置预处理环节。

$$x \leftarrow \frac{x-\bar{x}}{\sigma} \tag{4.1}$$

程序 4.4 是数据读取及规范化处理的示例。

程序 4.4　9_Layer_CNN. py（摘录）

```
img_rows, img_cols = 224, 224

# 读取单张图像数据并调整数据尺寸
def get_im(path):

    img = cv2.imread(path)
    resized = cv2.resize(img, (img_cols, img_rows))

    return resized


# 读取数据、数据规范化、打乱数据顺序
def read_train_data(ho=0, kind='train'):

    train_data = []
    train_target = []

    # 读取训练用数据
    for j in range(0, 6): # 0～5

        path = '../../data/Caltech-101/'

        path += '%s/%i/*/%i/*.jpg'%(kind, ho, j)

        files = sorted(glob.glob(path))

        for fl in files:

            flbase = os.path.basename(fl)

            # 读取单张图像
            img = get_im(fl)
```

```
            img = np.array(img, dtype=np.float32)

            # 规范化(GCN)处理
            img -= np.mean(img)
            img /= np.std(img)

            train_data.append(img)
            train_target.append(j)

    # 将读取的数据转换为numpy 的 array
    train_data = np.array(train_data, dtype=np.float32)
    train_target = np.array(train_target, dtype=np.uint8)

    #(record数,纵,横,channel数) 转换为を (record数,channel数,纵,横)
    train_data = train_data.transpose((0, 3, 1, 2))

    # 转换target为6维数据
    # ex) 1 -> 0,1,0,0,0,0   2 -> 0,0,1,0,0,0
    train_target = np_utils.to_categorical(train_target, 6)

    # 打乱数据顺序
    perm = permutation(len(train_target))
    train_data = train_data[perm]
    train_target = train_target[perm]

    return train_data, train_target
```

2. 搭建模型架构

选择 Sequential 模型类型，再用 add 函数添加模型层，搭建 9 层模型。程序 4.5 是搭建 9 层模型的程序示例。

程序 4.5　9_Layer_CNN. py（摘录）

```
# 9层 CNN模型 搭建
def layer_9_model():

    # 选择Keras的Sequential模型类型---①
    model = Sequential()

    # 添加卷积层(Convolution)---②
    model.add(Convolution2D(32, 3, 3, border_mode='same',
      activation='linear',input_shape=(3, img_rows, img_cols)))
    model.add(LeakyReLU(alpha=0.3))

    model.add(Convolution2D(32, 3, 3, border_mode='same',
      activation='linear'))
```

```
model.add(LeakyReLU(alpha=0.3))

# 添加池化层(MaxPooling) ---③
model.add(MaxPooling2D((2, 2), strides=(2, 2)))

model.add(Convolution2D(64, 3, 3, border_mode='same',
  activation='linear'))
model.add(LeakyReLU(alpha=0.3))
model.add(Convolution2D(64, 3, 3, border_mode='same',
  activation='linear'))
model.add(LeakyReLU(alpha=0.3))
model.add(MaxPooling2D((2, 2), strides=(2, 2)))

model.add(Convolution2D(128, 3, 3, border_mode='same',
  activation='linear'))
model.add(LeakyReLU(alpha=0.3))
model.add(Convolution2D(128, 3, 3, border_mode='same',
  activation='linear'))
model.add(LeakyReLU(alpha=0.3))
model.add(MaxPooling2D((2, 2), strides=(2, 2)))

# 添加Flatten层---④
model.add(Flatten())
# 添加全连接层 (Dense) ---⑤
model.add(Dense(1024, activation='linear'))
model.add(LeakyReLU(alpha=0.3))
# 添加Dropout层---⑥
model.add(Dropout(0.5))
model.add(Dense(1024, activation='linear'))
model.add(LeakyReLU(alpha=0.3))
model.add(Dropout(0.5))
# 生成最终的output。---⑦
model.add(Dense(6, activation='softmax'))

# 定义loss计算和梯度运算表达式。---⑧
sgd = SGD(lr=1e-3, decay=1e-6, momentum=0.9, nesterov=True)
model.compile(optimizer=sgd,
     loss='categorical_crossentropy', metrics=["accuracy"])
return model
```

程序 4.5 的流程说明如下：

1）选择搭建的模型类型。

通过 keras. models. Sequential 选择要搭建的模型类型。之后可使用 add 函数添加模型层。

2）添加卷积层。

利用 add 函数添加卷积层（conv）。设置尺寸 3×3 的卷积核 32 个，激活函数为 LeakyReLU。

border_mode = 'same' 是用零填充的同尺寸填充自变量。若步幅为 1，调整输入数据及特征映射的尺寸统一；若步幅未定，则设置步幅初始值为 1。

通过 input_shape =（3，224，224）设置第 1 层卷积层的输入数据尺寸，即 3 个颜色通道（RGB）、高 224 像素，宽 224 像素。变量 img_rows，img_cols 值为 224。

3）添加池化层。

添加池化层（pool）。在池化层进行 MaxPooling 池化操作。由于设置的池化规模为 2×2 且步幅为 2，所以输出像素会缩减至原始图像的 1/4。

4）数据的一维化。

由于全连接层的输入数据必须是一维数据，因此添加 Flatten 层，把数据一维化。

例如：(128, 28, 28)⇨(100352)

5）添加全连接层。

添加全连接层（fc）。用 LeakyReLU 作为激活函数，将 100352 个神经元转换为 1024 个。

6）添加命令提示符（Dropout）。

添加命令提示符（Dropout）。由于设置的参数为 0.5，将从 1024 个神经元中，随机舍弃一半的神经元，即 512 个。

7）添加输出层。

添加全连接层（fc）作输出层。在全连接层中设置 6 个神经元，实现图像 6 类分类目标。激活函数使用 Softmax。

8）设置损失函数。

使用随机梯队下降法（SGD）更新权值，激活函数选用交叉熵。设置权值更新参数，learning_rate（学习率）= 0.001、learning_decay（学习衰减率）= 0.000001、momentum（动量）= 0.9、nesterov（Nesterov momentum）= True。

3. 模型权值初始化

用 add 函数构建模型层数的同时，要对 Keras 设置初始化权值。权值即为下述一次多项式中的参数。

$$y = a_1x_1 + a_2x_2 + \cdots + b$$

在 $-X \sim X$ 范围内随机生成系数 a，设置偏差值（bias）为 0。X 值可通过 glorot 均匀分布初始化算法计算。

4. 模型训练

为防止过拟合，采用 holdout 验证来推进训练。图 4.7 是数据的目录结构图。目录 train 和 valid 下均包含 0、1 和 all 三个子目录。0 是第 1 次 holdout 验证使用的数据集，1 是第 2 次 holdout 验证使用的数据集。目录 all 本次暂不使用。最终进行 2 次 holdout 验证，迭代训练 2 次，生成 2 个模型权值。

```
/home/taro/data/Caltech-101
                    ├ train
                    │ ├ 0       ←holdout验证1
                    │ ├ 1       ←holdout验证2
                    │ └ all       (4.5节使用)
                    └ valid
                      ├ 0       ←holdout验证1
                      ├ 1       ←holdout验证2
                      └ all       (4.5节使用)
```

图 4.7　holdout 验证用数据

基于 Keras 可使用 model. fit 函数自动进行前向传播、误差计算及反向传播，具体如下：

```
# 设置CheckPoint。保存每次epoch的权值
cp = ModelCheckpoint
  ('./cache/model_weights_%s_%i_{epoch:02d}.h5'%(modelStr, ho),
  monitor='val_loss', save_best_only=False)

# 运行train
model.fit(t_data, t_target, batch_size=64,
          nb_epoch=40,
          verbose=1,
          validation_data=(v_data, v_target),
          shuffle=True,
          callbacks=[cp])
```

model. fit 函数的自变量设置如下：

1）t_data，指定训练集数据（训练用数据）。

2）t_target，指定训练集标签（训练用标签、分类信息）。

3）batch_size，设置批次尺寸。本书使用批尺寸为 64。

4）nb_epoch，设置可规避过拟合的 epoch 次数最大值作为训练迭代次数。此处设置为 40。

5）verbose，模型训练时，设置 1 表示显示训练进度条，0 表示不显示。

6）validation_data，分别设置 v_data 和 v_target 为验证集和验证集标签（分类信息）。训练每遍历 1 次 epoch，显示使用验证集的模型训练进度评价值。

7）shuffle，设置 shuffle = True，每次 epoch 都对训练数据进行打乱处理。

8）callbacks，设置每次 epoch 训练完成后的回调函数。本处使用 ModelCheckpoint 函数，并设置保存每次 epoch 的权值参数。权值数据的文件名后缀为 . h5。若保存每次 epoch 的模型权值，即可利用设置的 epoch 次数的模型权值对测试数据集进行预测。

设置 monitor = 'val_loss' 和 save_best_only = False 为 ModelCheckpoint 函数的自变量。完成

设置后，保留各 epoch 运行后的权值。若设置 save_best_only　= Ture，则仅保留 val_loss 最小值时的 epoch 的权值。也可在 monitor 中设置 'val_acc'。

5. 存储模型结构

Keras 可存储使用程序搭建的模型神经网络结构。程序 4.6 是存储模型结构的样例程序。存储数据的文件名后缀为 . json。

程序 4.6　9_Layer_CNN. py（摘录）

```
# 存储模型结构
def save_model(model, ho, modelStr=''):
    # 转换模型类型为json形式
    json_string = model.to_json()
    # 若无cache目录，在当前目录下生成
    if not os.path.isdir('cache'):
        os.mkdir('cache')
    # 模型结构存储文件名
    json_name = 'architecture_%s_%i.json'%(modelStr, ho)
    # 存储模型结构
    open(os.path.join('cache', json_name), 'w').write(json_string)
```

4. 3. 3　模型读取和估测实操

1. 读取存储模型

模型建立完成后，就要读取存储模型及权值数据。程序 4.7 是模型读取程序示例。

程序 4.7　9_Layer_CNN. py（摘录）

```
# 读取模型
def read_model(ho, modelStr='', epoch='00'):
    # 模型架构文件名
    json_name = 'architecture_%s_%i.json'%(modelStr, ho)
    # 模型权值文件名
    weight_name = 'model_weights_%s_%i_%s.h5'%(modelStr,
        ho, epoch)

    # 读取模型架构、从json转换为model object
    model = model_from_json(open(os.path.join('cache',
        json_name)).read())
    # 读取对model object的权值
    model.load_weights(os.path.join('cache', weight_name))

    return model
```

2. 对测试集进行估测

利用读取的模型，对测试数据集进行分类。训练模型使用 model. fit 函数，估测分类使用 model. predict 函数。

程序 4. 8 是估测示例。程序 4. 8 中的①是读取被扩充了 5 倍的数据。然后使用 2 次 holdout 验证生成的权值数据，在②中逐一分类估测。根据（数据扩充倍数）×（holdout 验证次数）=5 ×2 =10，得到 10 个估测结果。③是取所得 10 个估测结果的均值，最终生成 2079 张图像的分类估测结果。

程序 4. 8　9_Layer_CNN. py（摘录）

```
# 对测试集数据进行分类估测
def run_test(modelStr, epoch1, epoch2):

    # 获取类型名
    columns = []
    for line in open("../../data/Caltech-101/label.csv", 'r'):
        sp = line.split(',')
        for column in sp:
            columns.append(column.split(":")[1])

    # 因测试集数据已分好类
    # 逐类读取数据进行估测
    for test_class in range(0, 6):

        yfull_test = []

        # 为读取数据扩充后图像，重复5次
        for aug_i in range(0,5):    # ---①

            # 读取测试数据
            test_data, test_id = load_test(test_class, aug_i)
            #print test_id

            # 重复2次HoldOut
            for ho in range(2):

                if ho == 0:
                    epoch_n = epoch1
                else:
                    epoch_n = epoch2

                # 读取预训练模型
                model = read_model(ho, modelStr, epoch_n)
```

```
        # 开始估测
        test_p = model.predict(test_data, batch_size=128,
            verbose=1)    # ---②

        yfull_test.append(test_p)

# 取估测结果均值---③
test_res = np.array(yfull_test[0])
for i in range(1,10):
    test_res += np.array(yfull_test[i])
test_res /= 10

# 综合估测结果、类型名和图像名
result1 = pd.DataFrame(test_res, columns=columns)
result1.loc[:, 'img'] =
    pd.Series(test_id, index=result1.index)

# 打乱顺序
result1 = result1.ix[:,[6, 0, 1, 2, 3, 4, 5]]

if not os.path.isdir('subm'):
    os.mkdir('subm')
sub_file =
   './subm/result_%s_%i.csv'%(modelStr, test_class)

# 输出最终估测结果
result1.to_csv(sub_file, index=False)
# 计算估测精度
# 搜索包含最大值的列为test_class的记录
one_column =
    np.where(np.argmax(test_res, axis=1)==test_class)
print ("正解数  " + str(len(one_column[0])))
print ("不正解数" +
    str(test_res.shape[0] - len(one_column[0])))
```

4.3.4 实操示例

1. 训练实操

接下来进行训练及估测实践。本节将使用 4.2 节中生成的进行了数据扩充处理的数据集。

运行命令 4.5 开始训练。程序 9_Layer_CNN.py 将根据实际运行时的变量分为训练操作及估测操作两部分。训练自变量为 train。

命令 4.5 训练实践

```
$ cd ~/projects/4-3
$ source activate main
(main)$ export THEANO_FLAGS='mode=FAST_RUN,device=gpu0, \
floatX=float32,optimizer_excluding=conv_dnn'
(main)$ python 9_Layer_CNN.py train
```

基于 Keras 运行程序 9_Layer_CNN. py。Keras 支持 Theano 和 TensorFlow 两种后端框架。由于在初始设置中默认与 Theano[1]交互，因此本书基于 Theano 实现。

虽然使用 cuDNN 可以提升 GPU 的运算速度，但无法避免训练运算结果出现偏差的情况。因此本书不使用 cuDNN[2]。执行命令 4.5，在 THEANO_FLAGS 设置中指定 optimizer_excluding = conv_dnn，弃用 cuDNN。若要使用 cuDNN，可从命令中删除 optimizer_excluding = conv_dnn。

用 device = gpu0 指定使用的 GPU。若计算机只搭载了 1 个 GPU，则指定 gpu0。若在命令中删除 device = gpu0，代表不使用 GPU。

接下来运行命令 4.5，开始训练[3]。

进入训练后，将显示图 4.8 所示训练运行画面。图 4.8 是进行第 1 次 holdout 验证的训练截图。第 1 次 holdout 验证结束后，继续第 2 次 holdout 验证。

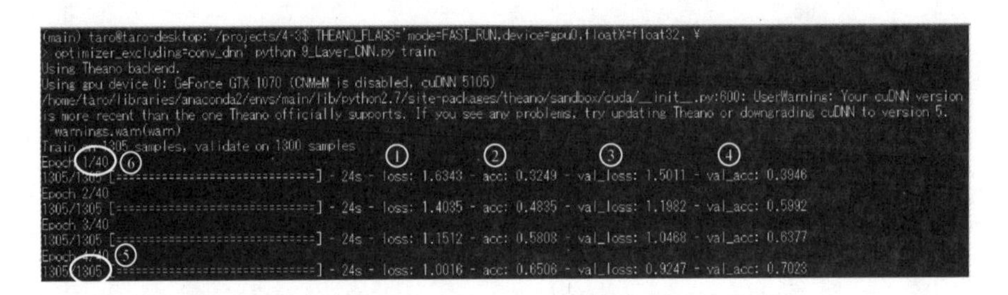

图 4.8 训练运行截图

图 4.8 中①～⑥所示内容解释如下：

① training loss，训练数据集的整体误差[4]。因本回训练的损失函数为交叉熵，所以生成的是交叉熵计算出的整体误差值。

---

[1] 本书运行的是 Keras 1.0.8 版本。另外，Keras 新版本的初始设置中默认交互框架为 TensorFlow。

[2] 使用 Torch 框架时，使用 cuDNN。

[3] 把画面所示内容重定向至文件，可有效实现结果确认。例如，`(main) $ python 9_Layer_CNN.py train > file01.dat`。

[4] 该处的整体误差是指除以样本数后的均值。

② training accuracy，根据当前权值计算出的训练集“估测值”和“期望输出”，计算准确率。

③ validation loss，验证集的整体误差[⊖]。

④ validation accuracy，根据当前权值计算出的验证集“估测值”与“期望输出”计算正确率。

⑤ 训练集数量，训练用训练集数量。对数据扩充后的 1305 个样本（第 1 次 holdout 验证用数据）进行训练。

⑥ epoch 数，训练完成的 epoch 数（40）和当前 epoch 次数（1）。

通常取 validation loss 最小值或 validation accuracy 最大值时的 epoch 数为训练最佳 epoch 数。本章参考 validation accuracy 值设置 epoch 数。在图 4.8 所示训练截图中，分别找出第 1 次和第 2 次 holdout 验证中 validation accuracy（val_acc）达到最高值时的 epoch 数。

设置本次训练完成 epoch 数为 40。因训练集样本数不多，训练时长约为 40min。若不使用 GPU，全靠 GPU 支持，训练时长将大于 10h。由此可见，GPU 的作用十分显著。

训练过程中每次 epoch 的模型架构与权值数据均保存在 ~/projects/4-3/cache 路径下。模型架构与权值文件名如下所示。模型权值数据的单个文件大小约为 700MB。该文件份数与训练 epoch 数相同。

- 模型架构 architecture_9_Layer_CNN_[HO 号码-1].json。
- 模型权值 model_weights_9_Layer_CNN_[HO 号码-1]_[epoch 数-1].h5。

※HO 号码为 holdout 验证序号。

估测开始时根据指定 epoch 数，读取 2 类文件进行估测。

2. 估测实操

本次训练中，validation accuracy 分别在第 1 次 holdout 验证的第 32 次 epoch 和第 2 次 holdout 验证的第 27 次 epoch 时达到最高值。导入前述 epoch 数为估测实操变量。

执行命令 4.6，对测试集进行预测。设置 python 9_Layer_CNN.py 中的 test 及 epoch 数。

命令 4.6 估测实操

```
$ cd ~/projects/4-3
$ source activate main
(main)$ export THEANO_FLAGS='mode=FAST_RUN,device=gpu0, \
floatX=float32,optimizer_excluding=conv_dnn'
(main)$ python 9_Layer_CNN.py test 32 27
```

图 4.9 是估测过程的状况截图。首先对 airplanes 下的 640 张测试图像进行 10 次（数据扩充倍数 × holdout 验证次数）分类估测，再取 10 次估测结果均值。接下来对 Motorbikes、

⊖ 此处说的整体误差为除以样本数后的均值。

Faces_easy 中的图片进行分类估测。

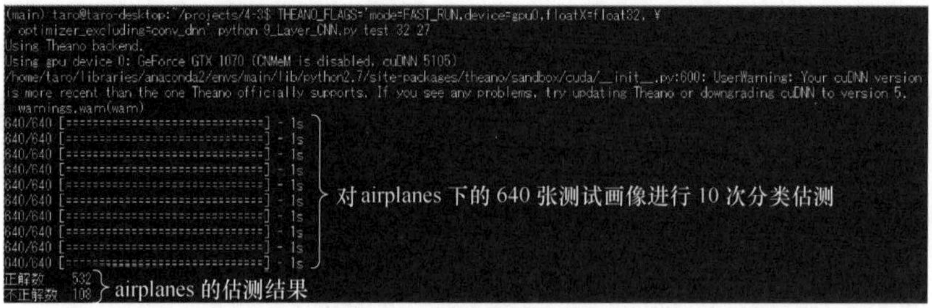

```
(main) taro@taro-desktop:~/projects/4-3$ THEANO_FLAGS='mode=FAST_RUN,device=gpu0,floatX=float32, ¥
> optimizer_excluding=conv_dnn' python 9_Layer_CNN.py test 32 27
Using Theano backend.
Using gpu device 0: GeForce GTX 1070 (CNMeM is disabled, cuDNN 5105)
/home/taro/libraries/anaconda2/envs/main/lib/python2.7/site-packages/theano/sandbox/cuda/__init__.py:600: UserWarning: Your cuDNN version is more recent than the one Theano officially supports. If you see any problems, try updating Theano or downgrading cuDNN to version 5.
  warnings.warn(warn)
640/640 [==============================] - 1s
640/640 [==============================] - 1s
640/640 [==============================] - 1s
640/640 [==============================] - 1s
640/640 [==============================] - 1s
640/640 [==============================] - 1s
640/640 [==============================] - 1s
640/640 [==============================] - 1s
640/640 [==============================] - 1s
640/640 [==============================] - 1s
正解数    532
不正解数  108
```

对 airplanes 下的 640 张测试画像进行 10 次分类估测

airplanes 的估测结果

图 4.9　估测实操截图

估测结束后，测试集里每张图片的估测结果被保存在 ./subm 路径下，估测结果文件名如下所示。因本次使用的测试集包含对应的期望输出，因此会另外生成一个实际分类文件。

- result_9_Layer_CNN_0. csv：实际分类 0（airplanes）。
- result_9_Layer_CNN_1. csv：实际分类 1（motorbikes）。
- result_9_Layer_CNN_2. csv：实际分类 2（faces_easy）。
- result_9_Layer_CNN_3. csv：实际分类 3（watch）。
- result_9_Layer_CNN_4. csv：实际分类 4（leopards）。
- result_9_Layer_CNN_5. csv：实际分类 5（bonsai）。

result_9_Layer_CNN_0. csv 是对已知图像类别为 airplanes 的图片的估测结果。图 4. 10 是 result_9_Layer_CNN_0. csv 估测结果的 Excel 图表。图像估测结果取图像在 airplanes ~ bonsai 6 类中估测值最高的对应类别。

	A	B	C	D	E	F	G
1	img	airplanes	Motorbikes	Faces_easy	watch	Leopards	bonsai
2	image_0161.jpg	**0.784**	0.073	0.109	0.020	0.000	0.014
3	image_0162.jpg	**0.850**	0.026	0.001	0.093	0.021	0.009
4	image_0163.jpg	**0.996**	0.003	0.001	0.000	0.000	0.000
5	image_0164.jpg	**0.649**	0.185	0.002	0.043	0.000	0.121
6	image_0165.jpg	**0.817**	0.183	0.000	0.000	0.000	0.000
7	image_0166.jpg	**0.652**	0.000	0.346	0.002	0.000	0.001
8	image_0167.jpg	**0.999**	0.001	0.000	0.000	0.000	0.000
9	image_0168.jpg	**0.972**	0.017	0.001	0.007	0.000	0.002
10	image_0169.jpg	**0.640**	0.013	0.001	0.172	0.000	0.174
11	image_0170.jpg	**0.820**	0.170	0.009	0.001	0.000	0.000
12	image_0171.jpg	**0.922**	0.077	0.000	0.000	0.000	0.000
13	image_0172.jpg	**0.983**	0.000	0.003	0.005	0.005	0.003
14	image_0173.jpg	**0.940**	0.035	0.001	0.000	0.000	0.024
15	image_0174.jpg	**0.999**	0.000	0.000	0.000	0.000	0.000
16	image_0175.jpg	**1.000**	0.000	0.000	0.000	0.000	0.000
17	image_0176.jpg	0.216	0.050	0.027	**0.504**	0.095	0.108
18	image_0177.jpg	**1.000**	0.000	0.000	0.000	0.000	0.000

图 4. 10　airplanes 图像分类结果（摘录）

注：result_9_Layer_CNN_0. csv 估测结果 Excel 表（精确到小数点后三位）。

图4.10中第2行的image_0161.jpg经识别，属于airplanes的准确度（0.784）最高，所以被归入airplanes类别，结果与实际分类相符。但第17行中的image_0176.jpg经识别，属于watch的准确率（0.504）最高，被划为watch类别，结果与实际分类不相符。

取图片估测准确度最高的分类作为预测结果，对6组图像文件进行统计，正确率见表4.6。

表4.6 测试集估测正确率（9层模型）

		测试数据集实际分类						合计
		airplanes	motorbikes	faces_easy	watch	leopards	bonsai	
估测类别	正解	532	603	322	93	130	33	1713
	错解	108	35	26	98	30	69	366
	合计	640	638	348	191	160	102	2079
正确率		83.1%	94.5%	92.5%	48.7%	81.3%	32.4%	82.4%

整体正确率为82.4%。其中，watch、bonsai两类正确率偏低或因训练集样本数较少的影响。

下一节将介绍基于预训练模型VGG-16的训练及估测方法。VGG-16的估测正确率较本节9层模型有显著提高。

知识扩展

梯度消失问题与ReLU

在3.5节“误差反向传播算法”中已向读者介绍了利用误差信号从输出层逐层反向传播至输入层，进而修正各层权值的方法。

误差信号可在两层神经网络中顺利反向传播至输入层，但在多层神经网络中有可能出现误差信号在中间隐层消失的问题，即误差信号为0。也就是通常说的梯度消失问题。该问题将导致多层神经网络的训练难以实现，因此神经网络的研究在21世纪前颇受冷落。

之后，Hinton等人提出了采用受限玻尔兹曼机（Restricted Boltzmann Machine，RBM）的方法解决梯度消失问题。受限玻尔兹曼机采用了从输入层起逐层无监督学习的方法训练参数，类似建造房屋从打地基开始逐层往上搭建的方法。这种训练方法也被称为预训练（pretraining）。

那么，为什么会出现梯度消失呢？让我们尝试找一下原因吧。

由于图3.8中的算式未指定激活函数，所以下面将使用Sigmoid函数作激活函数。引入Sigmoid函数作激活函数$f(Z)$后，得到如下微分方程：

$$f'(Z)=f(Z)\circ(1-f(Z)) \tag{C4.1}$$

引入式（C4.1），图 3.8 中算式可转换为图 C4.1 所示。

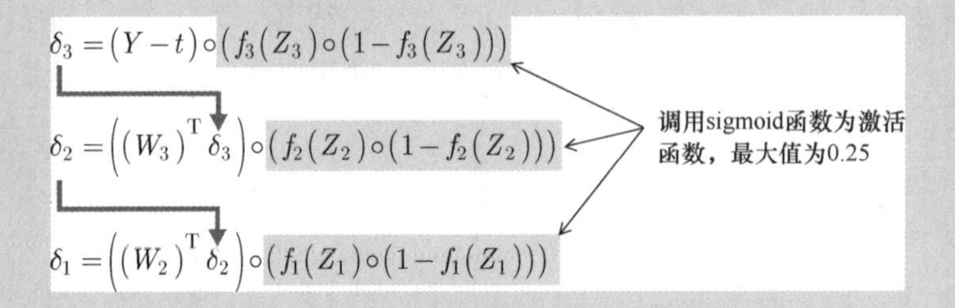

图 C4.1　误差信号传播计算（调用 Sigmoid 函数）

注：符号“○”指 hadamard 乘积，矩阵对应元素乘积。

如图 C4.1 所示，在求 δ_1 之前，$f(Z)\circ(1-f(Z))$ 已相乘 3 次。式（C4.1）右边的 $f(Z)\circ(1-f(Z))$ 是一个二次函数，最大值为 0.25。即使该函数取最大值 0.25，在计算出 δ_1 值前，传递的误差将被稀疏至 $0.25^3\approx0.016$ 倍，数值非常小。

上述示例仅为 3 层神经网络。若神经网络有 10 层，情况必定更加严峻，输入层的误差值将被稀疏至 $0.25^{10}\approx0.000001$ 倍。这也是导致多层神经网络出现梯度消失问题的原因之一。因为 Sigmoid 函数主要模仿人类大脑突触依靠神经元突触传递信息的方式，并不适合多层化网络结构。

下面尝试用 ReLU 作激活函数。当定义域大于 0 时，ReLU 为恒等映射，即微分 $f'(Z)=1$。因 1 与 1 的乘积为 1，所以不会减少误差对输入层的偏导。换而言之，ReLU 是适用于多层化网络的激活函数。基于 dropout 算法，且选择 ReLU 或 Leaky ReLU 作激活函数，多层神经网络的搭建变得相对简单。因此近来多层神经网络中很少使用预训练。

但使用 ReLU 并不意味着可以搭建出高性能的多层神经网络。有关 16 层神经网络的搭建过程将在“VGG-16 搭建过程”中展开介绍。

4.4　基于 VGG-16 的识别分类——16 层预训练模型

4.4.1　VGG-16 概要

VGG 是牛津大学 Visual Geometry Group[⊖]（大学研究室）的简称。VGG 研究室的研究员

⊖ 其主页 http://www.robots.ox.ac.uk/~vgg。

Karen Simonyan 和 Andrew Zisserman 两人组成 VGG 小组携预训练模型 VGG-16 参加了 ILSVRC[㊀]，并在 ILSVRC 2014 中取得了第二名的好成绩。

图 4.11 是 VGG-16 的模型结构图。较上一节中介绍的 9 层卷积神经网络，16 层卷积神经网络的卷积层和池化层组合数有了明显的增加。

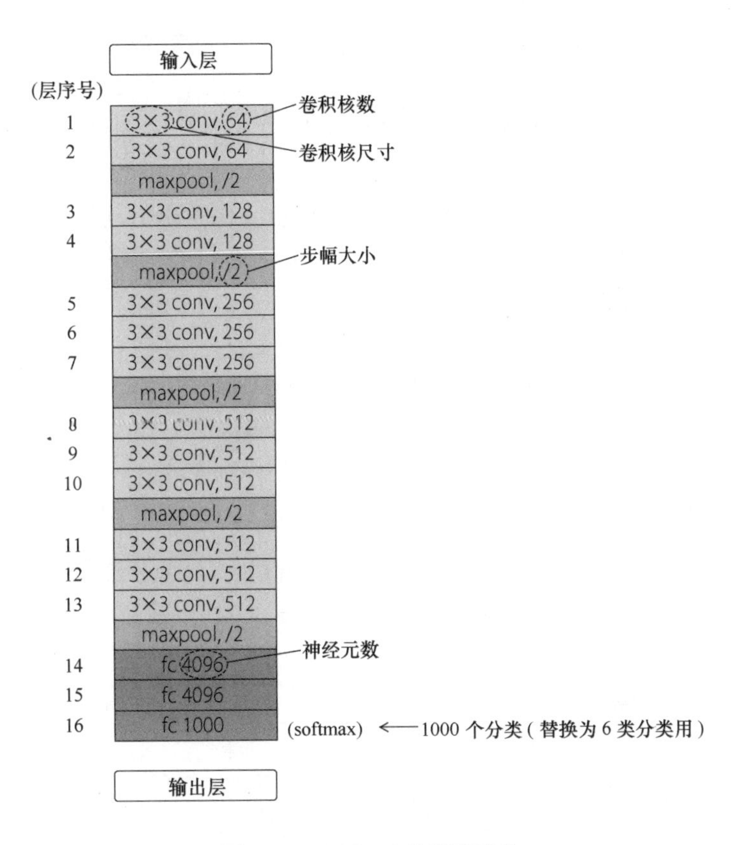

图 4.11　VGG-16 的模型结构

VGG 小组基于该 16 层卷积神经网络对 ImageNet 图像进行训练并将其分类为 1000 个不同类别。因 ILSVRC 竞赛的目标是判断物体在 1000 个分类中的所属类别，所以图 4.11 中的输出层（fc 1000）共包含 1000 个神经元。但本次训练只提取了 6 个类别的图像，所以必须更改输出层数据为 fc 6（6 个神经元）。

16 层卷积神经网络是在 11 层卷积神经网络的基础上搭建而成。详情可参阅 VGG-16 搭建过程。

㊀ Karen Simonyan, Andrew Zisserman, Very Deep Convolutional Networks for Large Scale Image Recognition, V6, 2015。

4.4.2　程序概要

1. VGG-16 使用方法

本节使用程序是在前一节基于 Keras 的 9 层程序 9_Layer_CNN. py 的基础上按照下述步骤变形搭建出的 VGG_16. py 程序：

1）把 9_Layer_CNN. py 模型中的卷积神经网络结构由 9 层调整为 16 层。搭建除输出层外的 1 ~ 15 层结构。

2）在 15 层卷积神经网络结构中引入 VGG-16 的权值。（设置初始值为 VGG-16 的权值）。

3）在输出层添加 6 个类别用的 fc 6（6 个神经元）。搭建出 16 层卷积神经网络。

如上所述，调用 VGG-16 的权值作为模型初始权值后，再对 6 个类别的训练集进行微调（Fine-tuning）。这种训练方法称为迁移学习。

2. 模型搭建

使用程序是被解压保存在 ~/projects/4-4 路径下的 VGG_16. py。VGG_16. py 中调用的预训练模型 VGG-16 的权值 vgg16_weights. h5 可在下述的链接中下载[⊖]。

https://gist. github. com/baraldilorenzo/07d7802847aaad0a35d3#contents

vgg16_weights. h5 大小约 530MB。下载 vgg16_weights. h5 至 ~/data/VGG16 下。使用的各类数据均为 4. 2 节中生成的数据。

程序 4. 9 是 VGG-16 用模型搭建程序。

程序 4. 9　VGG-16. py（摘录）

```
# VGG-1 6模型 搭建
def vgg16_model():

    # 选择Keras的Sequential模型类型---①
    model = Sequential()

    model.add(ZeroPadding2D((1, 1), input_shape=(3, 224, 224)))
    model.add(Convolution2D(64, 3, 3, activation='relu'))
    model.add(ZeroPadding2D((1, 1)))
    model.add(Convolution2D(64, 3, 3, activation='relu'))
    model.add(MaxPooling2D((2, 2), strides=(2, 2)))

    model.add(ZeroPadding2D((1, 1)))
    model.add(Convolution2D(128, 3, 3, activation='relu'))
```

⊖ 本节使用的 VGG-16 的权值数据已从 Caffe 用数据替换为 Keras 用数据。Very Deep Convolutional Networks for Large-Scale Image Recognition，K. Simonyan，A. Zisserman arXiv：1409. 1556。

```
model.add(ZeroPadding2D((1, 1)))
model.add(Convolution2D(128, 3, 3, activation='relu'))
model.add(MaxPooling2D((2, 2), strides=(2, 2)))

model.add(ZeroPadding2D((1, 1)))
model.add(Convolution2D(256, 3, 3, activation='relu'))
model.add(ZeroPadding2D((1, 1)))
model.add(Convolution2D(256, 3, 3, activation='relu'))
model.add(ZeroPadding2D((1, 1)))
model.add(Convolution2D(256, 3, 3, activation='relu'))
model.add(MaxPooling2D((2, 2), strides=(2, 2)))

model.add(ZeroPadding2D((1, 1)))
model.add(Convolution2D(512, 3, 3, activation='relu'))
model.add(ZeroPadding2D((1, 1)))
model.add(Convolution2D(512, 3, 3, activation='relu'))
model.add(ZeroPadding2D((1, 1)))
model.add(Convolution2D(512, 3, 3, activation='relu'))
model.add(MaxPooling2D((2, 2), strides=(2, 2)))

model.add(ZeroPadding2D((1, 1)))
model.add(Convolution2D(512, 3, 3, activation='relu'))
model.add(ZeroPadding2D((1, 1)))
model.add(Convolution2D(512, 3, 3, activation='relu'))
model.add(ZeroPadding2D((1, 1)))
model.add(Convolution2D(512, 3, 3, activation='relu'))
model.add(MaxPooling2D((2, 2), strides=(2, 2)))

model.add(Flatten())
model.add(Dense(4096, activation='relu'))
model.add(Dropout(0.5))
model.add(Dense(4096, activation='relu'))
model.add(Dropout(0.5))

# 读取VGG16 pre-trained模型---②
f = h5py.File('../../data/VGG16/vgg16_weights.h5')
for k in range(f.attrs['nb_layers']):
    if k >= len(model.layers):
        # we don't look at the last (fully-connected) layers
        # in the savefile
        break
    g = f['layer_{}'.format(k)]
    weights = [g['param_{}'.format(p)]
               for p in range(g.attrs['nb_params'])]
    model.layers[k].set_weights(weights)
f.close()
```

```
# 生成最终output ---③
model.add(Dense(6, activation='softmax'))

# 定义loss运算和梯度运算使用算式
sgd = SGD(lr=1e-3, decay=1e-6, momentum=0.9, nesterov=True)
model.compile(optimizer=sgd,
    loss='categorical_crossentropy', metrics=["accuracy"])
return model
```

模型搭建程序的说明如下：

① 是搭建 1～15 层模型结构。使用 ZeroPadding2D 函数做同尺寸填充。

② 是调用 VGG-16 的权值数据做 1～15 层的权值。因模型结构如 List4.9 所示程序搭建，本步骤中只读取权值。

③ 是增加 6 个类别分类用的输出层。

4.4.3 实操示例

1. 实操训练

执行命令 4.7 开始训练。设置训练完成 epoch 数为 10。训练时长约为 1h。

命令 4.7

```
$ cd ~/projects/4-4/
$ source activate main
(main)$ export THEANO_FLAGS='mode=FAST_RUN,device=gpu0,floatX=float32, \
optimizer_excluding=conv_dnn'
(main)$ python VGG_16.py train
```

2. 实操估测

训练结束后，取各个 holdout 验证中 validation accuracy（val_acc）达到最高值时的 epoch 次数作为实操估测参数。所以，本次实操估测参数分别设置为 10 epoch 和 4 epoch。执行命令 4.8，对测试集进行估测。

命令 4.8

```
$ cd ~/projects/4-4/
$ source activate main
(main)$ export THEANO_FLAGS='mode=FAST_RUN,device=gpu0,floatX=float32, \
optimizer_excluding=conv_dnn'
(main)$ python VGG_16.py test 10 4
```

估测完成后，测试集的估测结果均保存在 ./subm 路径下。表 4.7 是估测结果的正确率统计图表。

表 4.7　测试集正确率（VGG-16 模型）

		测试集实际分类						合计
		airplanes	motorbikes	faces_easy	watch	leopards	bonsai	
估测分类	正解	640	638	345	176	160	96	2055
	错解	0	0	3	15	0	6	24
	合计	640	638	348	191	160	102	2079
正确率		100.0%	100.0%	99.1%	92.1%	100.0%	94.1%	98.8%

基于 VGG-16 模型（表 4.7）的正确率达 98.8%，较 9 层模型（见表 4.6）有显著提高。由此可见预训练模型效果显著。但有关预训练模型的运用，还应考虑新训练用的数据集图像和搭建预训练模型时使用的 ImageNet 图像的相似性问题。

知识扩展

VGG-16 的搭建过程

VGG-16 的详细信息记载如下：

Karen Simon yan & Andrew Zisserman, Very Deep Convolutional Networks for Large-Scale Image Recognition, v6, 2015

URL https://arxiv.org/abs/1409.1556

图 C4.2 是 VGG-16 的搭建流程图。首先搭建一个 11 层模型 A。然后在模型 A 的基

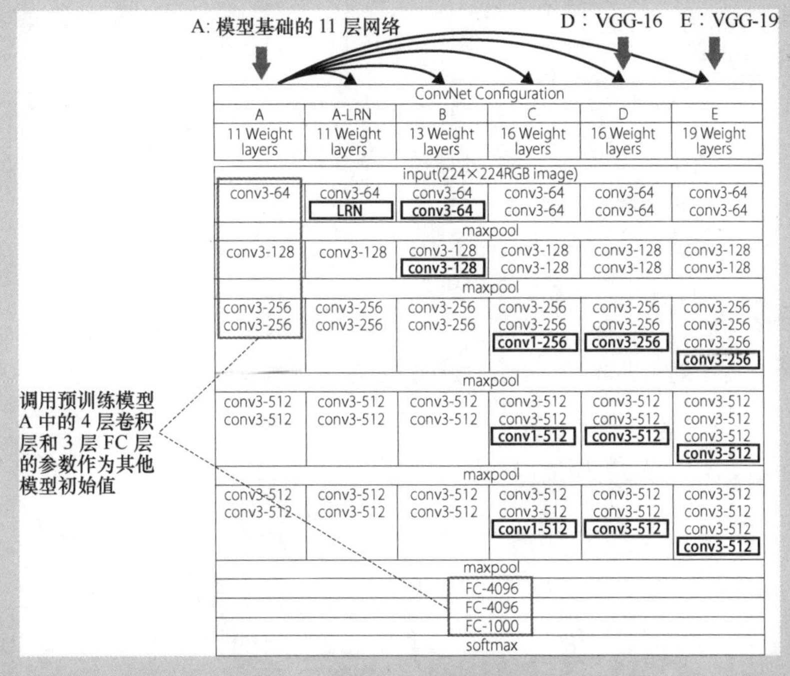

图 C4.2　VGG-16 搭建流程图

础上，尝试搭建13层（模型B）、16层（模型C、D）、19层（模型E）的模型。所有模型的最后3个FC层是一样的。模型D就是VGG-16。

搭建过程中，我们也尝试使用采用了LRN（Local Response Normalization）技术的模型A-LRN。但LRN没能有效提升估测精度。

首先对11层模型进行训练，然后调用11层模型上游的4层（卷积层）和末尾3层的FC层预训练权值作为初始值赋予其他模型，从而推进各模型训练。待11层模型训练稳定后，以此为基础增添层数实现多层化。搭建出的19层模型E，即VGG-19。

接下来，简单介绍基于Keras在训练过程中添加模型层数的实操案例。首先分别搭建父类模型和子类模型，然后在父类对象下创建子类对象，调用子类对象添加层。

（1）先创建2个子类对象

```
conv1 = Sequential()
conv1.add(Convolution2D(64, 3, 3, border_mode='same',
        activation='relu', input_shape=(3, 224, 224)))
conv2 = Sequential()
conv2.add(Convolution2D(128, 3, 3, border_mode='same',
        activation='relu', input_shape=(64, 112, 112)))
```

（2）创建父类对象，追加2个子类对象

```
model = Sequential()
model.add(conv1)
model.add(MaxPooling2D((2, 2)))
model.add(conv2)
model.add(MaxPooling2D((2, 2)))
```

在这一步中搭建完成图C4.3中a所示结构模型。

（3）调用子类对象添加层

```
conv1.add(Convolution2D(64, 3, 3, border_mode='same',
        activation='relu'))
```

通过调用子类对象（conv1）添加层，可搭建出图C4.3b所示的3层模型。对2层模型进行训练后，再次调用其权值，对3层模型进行再训练。

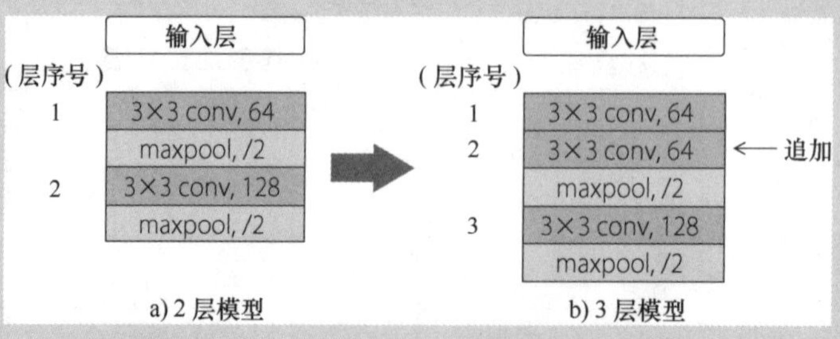

图C4.3　多层化

4.5　基于 ResNet-152 的识别分类——152 层预训练模型

4.5.1　ResNet 概要

ResNet 的全称是 Residual Network，是 MSRA（Microsoft Research Asia）开发的模型[㊀]。MSRA 凭借 152 层的 ResNet-152，在 2015 年 ILSVRC 上把错误率降至 3.57%，斩获当年 ILS-VRC 的冠军。

ResNet 最大的特征是采用 shortcut connection 的方法来连接层。

图 4.12 是 CNN（卷积神经网络）和 ResNet 的基本架构比较图。如图 4.12b ResNet 所示，2 层卷积层被 shortcut connection 包裹。X 是前面 3 层的输入值。

图 4.12b ResNet 基本架构也可表示为图 4.13 所示。

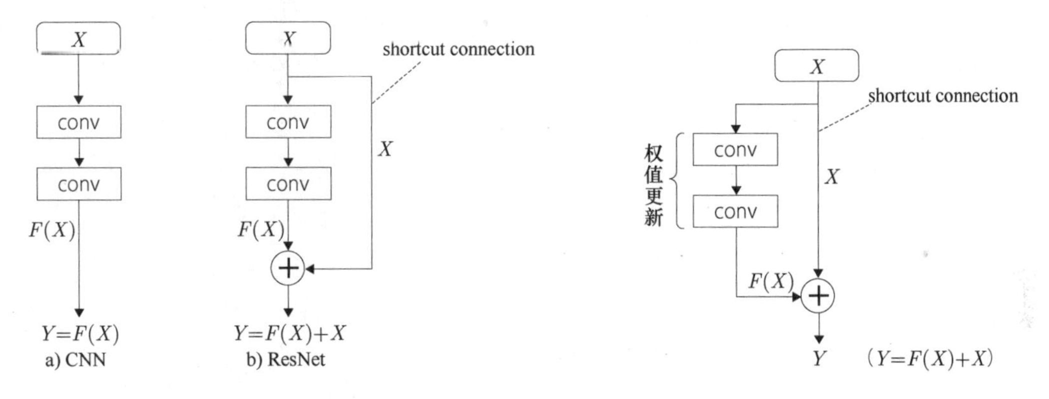

图 4.12　CNN 与 ResNet 比较图　　图 4.13　ResNet 基本结构图

在图 4.13 中，shortcut connection 为主轴，加上 2 层卷积层的输出值 $F(X)$ 作辅助。换而言之，ResNet 构建 1 条基本线即可搭建稳定的多层神经网络结构[㊁]。

该结构包括图 4.14 中所示的直线型和分支型两种。

其中有关 U 形（分支型）神经网络，将在第 5 章中讲述。

ResNet 的训练主要指适当更新卷积层权值。譬如，图 4.13 是对 2 层卷积层的权值进行更新。该权值更新需要用到 2 层卷积层的估测值 $F(X)$，为减少模型变量，用输入值 X 和（计算后的）Y 作恒定变量，变量 $F(X)$ 可表示为下述算式。

㊀ Kaiming He，Xiangyu Zhang，Shaoqing Ren，Jian Sun：Deep Residual Learning for Image Recognition。

㊁ 由于误差信号在进行反向传播时会直接传递给上游层，所以可以防止梯度消失问题的发生。

$$F(X) = Y - X \tag{4.2}$$

式（4.2）右边的 $Y-X$ 即残差（residual）。ResNet 在计算残差的同时进行反向传播，更新权值。

前向传播时，X 和 $F(X)$ 的和通过像素单位计算。因此，X 和 $F(X)$ 必须保持同一尺寸，若采用同尺寸填充法，也需花费一定时间。

图 4.15 是 34 层 ResNet 的局部模型图，直线上利用了 shortcut connection 结构相连实现多层化。图 4.15 是启用了 256 个尺寸 3×3 的卷积核作为卷积操作的卷积层。

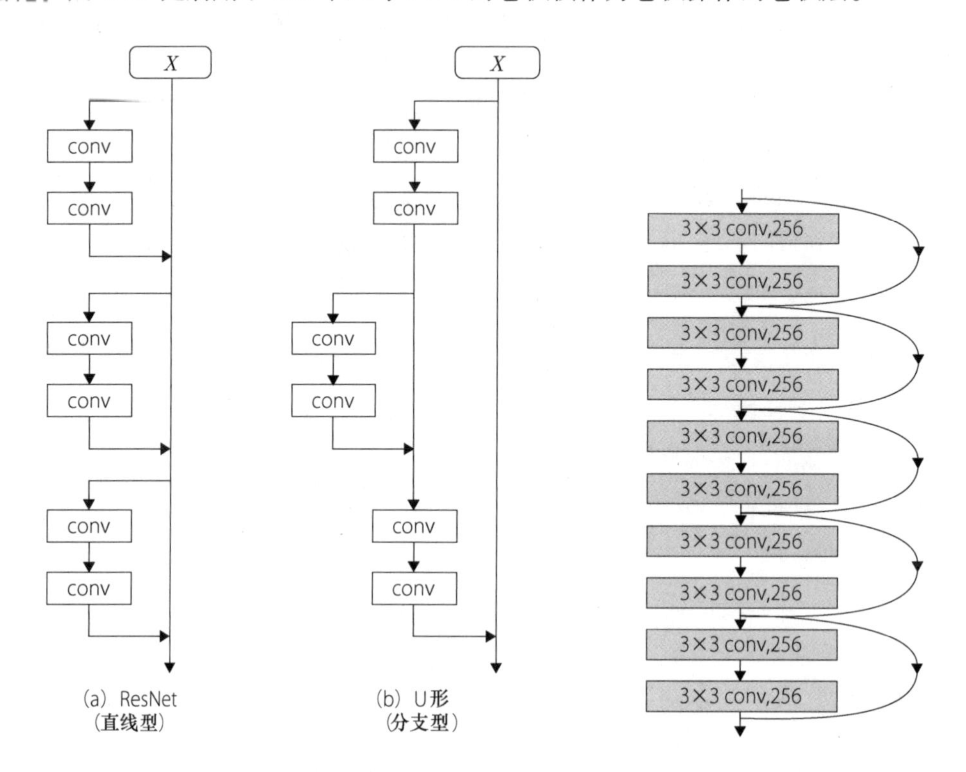

图 4-14

图 4.15　ResNet-34 模型图（局部）

4.5.2　实操环境安装

接下来，基于 Torch（语言：Lua）框架完善 ResNet 预训练模型。Torch 相关信息可参阅以下网站：

① torch/tutorials：https://github.com/torch/tutorials。

② andresy/mnist：https://github.com/andresy/mnist。

③ soumith/imagenet-multiGPU.torch：https://github.com/soumith/imagenet-multiGPU.torch。

命令 4.9 是 Torch 安装示例。

命令 4.9

```
$ sudo apt-get install git
$ git clone https://github.com/torch/distro.git ~/libraries/torch/ --recursive
$ cd ~/libraries/torch/
$ bash install-deps
$ ./install.sh
$ cd ~
```

若弹出界面询问是否把安装路径添加至环境 path，选择“yes”并单击 Enter 键确认。最后执行下述命令。

```
$ source ~/.bashrc
```

安装后，执行下述命令进行确认。

```
$ th
```

通常安装完成后，Torch 会弹出一个对话框。对话框可通过双击 Ctrl + C 退出。

最后安装 csv 存储用模块。

```
$ luarocks install csvigo
```

4.5.3　程序概要

下面将介绍基于 152 层“预训练模型 ResNet-152”的使用程序。

1. 程序与路径结构

本节使用的程序主要使用下述网址中的开源程序。

https://github.com/facebook/fb.resnet.torch

表 4.8 是使用程序一览表。其中附有※标志的是本书修改或新编的开源程序。

表 4.8 中的程序均解压并保存在 ~/projects/4-5 路径下。

表 4.8　实用程序一览表

	程　序　名
使用程序	checkpoints.lua
	※dataloader.lua
	※main.lua
	※opts.lua
	※train.lua

（续）

	程 序 名
使用程序	datasets/init. lua
	※datasets/transforms. lua
	※datasets/caltech101-gen. lua
	※datasets/caltech101. lua
	models/init. lua
	models/resnet. lua
	※average_outputs. py
软件版权相关文件	LICENSE
	PATENTS

注：※标为修正或追加程序。

模型搭建定义通过 resnet. lua 程序的 createModel 函数实现。createModel 函数中记录了用于 ImageNet 的 18 层、34 层、50 层、101 层及 152 层模型搭建的程序。

预训练模型 ResNet-152 的模型搭建和权值数据可从下述网址中的“ResNet-152”链接中下载获得：

http://github. com/facebook/fb. resnet. torch/tree/master/pretrained # trained-resnet-torch-models

文件下载名为 resnet-152. t7，大小约为 460MB。下载 resnet-152. t7，并安装在 ~/projects/4-5/pretrained 下。

该扩展名为 . t7 的数据中包括模型结构和权值两类。调用程序加载 resnet-152. t7，程序内部将自动设置匹配 152 层神经网络结构和权值。由于被读取的输出层默认含有 1000 个类别分类，所以需要在训练启动参数中设置为 6 类，更改输出层设置。

图 4. 16 是程序及预训练模型安装后的目录结构。各数据集使用的数据均为 4. 2 节中生成的数据扩张后的数据。

2. 使用方法

下面对命令及程序要点进行说明。

（1）训练的实战方法

执行下述命令，开始实操训练。

```
$ th main.lua -dataset caltech101 -data ~/data/Caltech-101 \
-retrain ./pretrained/resnet-152.t7 -resetClassifier true -nClasses 6 \
-LR 0.001 -batchSize 10 -nEpochs 10 -momentum 0.9 -weightDecay 0.0001
```

```
/home/taro/projects/4-5
                        ├ checkpoints.lua
                        ├ dataloader.lua
                        ├ main.lua
                        ├ opts.lua
                        ├ train.lua
                        ├ LICENSE
                        ├ PATENTS
                        ├ datasets
                        |     ├ init.lua
                        |     ├ transforms.lua
                        |     ├ caltech101-gen.lua
                        |     └ caltech101.lua
                        ├ models
                        |     ├ init.lua
                        |     └ resnet.lua
                        ├ pretrained
                        |     └ resnet-152.t7
                        └ average_outputs.py
```

图 4.16　程序目录结构

【程序参数】

- dataset caltech101

　　指定预处理程序caltech101-gen. lua、caltech101. lua 名称（下划线）。

- data ~/data/Caltech-101

　　指定含数据集的路径。

- retrain ./pretrained/resnet-152. t7

　　指定预训练模型 ResNet-152。

- resetClassifier ture- nClasses 6

　　提醒安装输出层更改为 6 个类别。

- LR 0. 001

　　设置 0. 001 为学习率。

- batchSize 10

　　设置批尺寸为 10。

- nEpochs 10

　　设置训练完成 epoch 数为 10。

- momentum 0. 9

设置动量为 0.9。

-weightDecay 0.0001

设置权值衰减为 0.0001

（2）估测实操方法

执行下述命令开始估测实操。

```
$ th main.lua -dataset caltech101 -data ~/data/Caltech-101 \
-retrain ./checkpoints/model_2.t7 -testOnly true
```

【程序参数】

-retrain ./checkpoints/model_2. t7

指定预训练中存储的模型文件名。代用该模型开始估测。模型文件名如下：

- 模型结构与权值 model_［epoch 数］. t7

-testonly true

对应估测，非训练。

（3）nesterov momentum 设置

代用程序 train. lua 中的 Trainer：__init 函数，把 nesterov momentum 设置为 nesterov = true。

（4）预处理

按照程序 4. 10 对图像进行规范化处理。提前根据 RGB 计算训练数据集中全部图像的平均值和标准偏差，然后以此为依据对每幅图像进行规范化处理。

程序 4. 10　datasets/caltech101. lua（摘录）

```
function CaltechDataset:preprocess()
   if self.split == 'train/all' then
      return t.Compose{
         t.ColorNormalize(meanstd)      // ←规范化处理
      }
     (中略)
   end
end
```

（5）权值更新操作

按照程序 4. 11 更新权值。

程序 4. 11　train. lua（摘录）

```
function Trainer:train(epoch, dataloader)
   (中略)
```

```
    self.model:training()
    for n, sample in dataloader:run() do
       local dataTime = dataTimer:time().real
       -- Copy input and target to the GPU
       self:copyInputs(sample)
       local output = self.model:forward(self.input):float()  // ---(a)
       local batchSize = output:size(1)
       local loss = self.criterion:forward(
          self.model.output, self.target)  // ---(b)
       self.model:zeroGradParameters()      // ---(c)
       self.criterion:backward(self.model.output, self.target)  // ---(d)
       self.model:backward(self.input, self.criterion.gradInput)// ---(e)
       optim.sgd(feval, self.params, self.optimState)  // ---(f)
       (中略)
    end
    return top1Sum / N, top5Sum / N, lossSum / N
end
```

程序4 11 中的（a）是前向传播，（b）是损失计算（误差计算），（c）为取消梯度。（d）和（e）均为反向传播，（f）是使用SGD进行权值更新。

（6）学习衰减率

如程序4.12 所示，local decay =0，设置学习衰减率为0。

程序4.12 train. lua（摘录）

```
function Trainer:learningRate(epoch)
   -- Training schedule
   local decay = 0
      (中略)
end
```

4.5.4 实操示例

1. 训练实操

执行命令4.10 开始实操训练。命令4.10 中①的目标是删除缓存数据。训练epoch数为10，时长约为17min。

命令4.10

```
$ cd ~/projects/4-5
$ rm -rf ./gen   # ---①
$ th main.lua -dataset caltech101 -data ~/data/Caltech-101 \
-retrain ./pretrained/resnet-152.t7 -resetClassifier true -nClasses 6 \
-LR 0.001 -batchSize 10 -nEpochs 10 -momentum 0.9 -weightDecay 0.0001
```

之前程序已进行 2 次 holdout 验证，计算出了结果均值。接下来要整合读取 2 次 holdout 验证数据，再进行 1 次 holdout 验证。图 4. 17 所示为使用数据集目录结构。调用的均为 directory all 下的数据集。

```
/home/taro/data/Caltech-101
                ├ test
                │ └ all    (数据扩充后)
                ├ train
                │ └ all    ← holdout1+2(数据扩充后)
                └ valid
                  └ all    ← holdout1+2(数据扩充后)
```

图 4. 17　各数据集目录结构

训练开始后，界面将出现图 4. 18 所示训练状态。

```
Loading model from file: ./pretrained/resnet-152.t7
 => Replacing classifier with 6-way classifier
=> Generating list of images
 | finding all training images
 | finding all validation images
 | finding all test images
 | saving list of images to /home/taro/projects/4-5/gen/caltech101.t7
=> Training epoch # 1
 | Epoch: [1][1/261]    Time 1.600  Data 0.017  Err 1.8413  top1  90.000
 | Epoch: [1][2/261]    Time 0.164  Data 0.001  Err 1.6249  top1  70.000
 | Epoch: [1][3/261]    Time 0.288  Data 0.000  Err 1.7682  top1  80.000
 | Epoch: [1][4/261]    Time 0.289  Data 0.000  Err 1.4637  top1  50.000
 | Epoch: [1][5/261]    Time 0.288  Data 0.000  Err 1.4728  top1  50.000
```


图 4. 18　训练实操截图

图 4. 18 左侧文字“Epoch”表示当前正在训练中。①是 epoch 数，②是小批量数，③表示小批量误差，④代表小批量的错误率。

每次 epoch 训练都会对验证集进行评估。图 4. 19 是验证集评估截图。

```
 | Test: [1][255/260]   Time 0.082  Data 0.000  top1   0.000 (  0.078)
 | Test: [1][256/260]   Time 0.082  Data 0.000  top1   0.000 (  0.078)
 | Test: [1][257/260]   Time 0.082  Data 0.000  top1   0.000 (  0.078)
 | Test: [1][258/260]   Time 0.082  Data 0.000  top1   0.000 (  0.078)
 | Test: [1][259/260]   Time 0.082  Data 0.000  top1   0.000 (  0.077)
 | Test: [1][260/260]   Time 0.082  Data 0.000  top1   0.000 (  0.077)
 * Finished epoch # 1     top1:  0.077

 * Best model    0.076923076923077
=> Training epoch # 2
 | Epoch: [2][1/261]    Time 0.162  Data 0.014  Err 0.0207  top1   0.000
 | Epoch: [2][2/261]    Time 0.297  Data 0.000  Err 0.0031  top1   0.000
 | Epoch: [2][3/261]    Time 0.294  Data 0.000  Err 0.0233  top1   0.000
```


图 4. 19　验证数据集评估截图（1 次 epoch 后）

图 4. 19 左侧文字“test”表示正在评估中。每次 epoch 的评估结果最后的①是该 epoch 中验证集的错误率。图 4. 19 中显示的验证集错误率为 0. 077%。

比较每次 epoch 的验证集错误率，取错误率最低的 epoch 数作估测数据。

训练开始后，每次 epoch 的预训练权值数据都保存在 ~/4-5/checkpoints 路径下。文件 model_1. t7 是 1 次 epoch 后的权值数据，model_2. t7 是 2 次 epoch 后的权值数据。每个文件数据大小约为 450MB，其中包括 6 个类别分类用的 152 层模型结构。

图 4. 20 是 2 次 epoch 后的截图。本次共训练 10 次 epoch，其中前 2 次 epoch 后的错误率为 0%，因此这时的模型为最优模型。

```
| Test: [2][256/260]    Time 0.082  Data 0.000  top1   0.000 (  0.000)
| Test: [2][257/260]    Time 0.082  Data 0.000  top1   0.000 (  0.000)
| Test: [2][258/260]    Time 0.082  Data 0.000  top1   0.000 (  0.000)
| Test: [2][259/260]    Time 0.082  Data 0.000  top1   0.000 (  0.000)
| Test: [2][260/260]    Time 0.082  Data 0.000  top1   0.000 (  0.000)
 * Finished epoch # 2      top1:   0.000 (2 个 epoch 后)

 * Best model   0
=> Training epoch # 3
| Epoch: [3][1/261]    Time 0.184  Data 0.023  Err 0.0068  top1   0.000
| Epoch: [3][2/261]    Time 0.302  Data 0.000  Err 0.0925  top1   0.000
```

图 4. 20　验证数据集评估截图（2 次 epoch 后）

2. 估测实践

前面的估测实践中均以 epoch 数作变量，后面将更换权值数据文件名作为变量。

根据验证数据集评估结果判断，2 次 epoch 后的错误率（最低）为 0%。因此估测实操时，将调用训练 2 次 epoch 后的权值数据 model_2. t7。

执行命令 4. 11，对测试数据集进行估测实操。图 4. 21 是估测实操状态的截图。

命令 4. 11

```
$ cd ~/projects/4-5
$ rm -rf ./gen
$ th main.lua -dataset caltech101 -data ~/data/Caltech-101 \
-retrain ./checkpoints/model_2.t7 -testOnly true
```

估测对象是数据扩张后的单个数据。譬如，对 airplanes 下的 3200 张图片进行估测。估测结果将分 6 类分别保存在 ~/projects/4-5 路径下的 outputs_resnet_0. csv ~ outputs_resnet_5. csv 中。

执行命令 4. 12，调用程序按原图（数据扩张前的图像）类别对估测结果进行平均化。图 4. 22 是程序运行截图，显示的是不同类别的合计结果。

命令 4. 12

```
$ cd ~/projects/4-5
$ source activate main
(main)$ python average_outputs.py
```

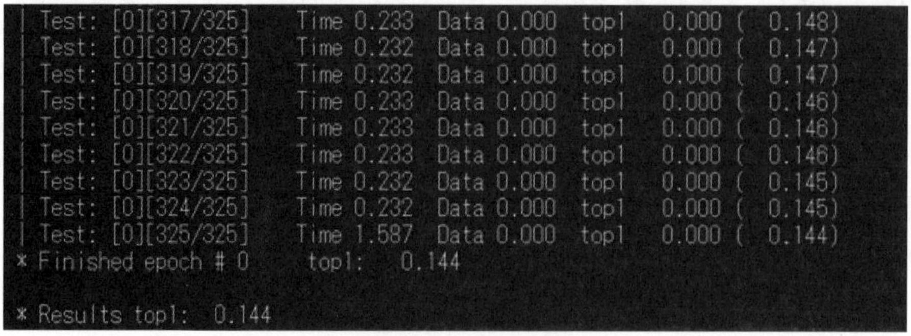

```
| Test: [0][317/325]   Time 0.233  Data 0.000  top1   0.000 (  0.148)
| Test: [0][318/325]   Time 0.232  Data 0.000  top1   0.000 (  0.147)
| Test: [0][319/325]   Time 0.232  Data 0.000  top1   0.000 (  0.147)
| Test: [0][320/325]   Time 0.233  Data 0.000  top1   0.000 (  0.146)
| Test: [0][321/325]   Time 0.233  Data 0.000  top1   0.000 (  0.146)
| Test: [0][322/325]   Time 0.233  Data 0.000  top1   0.000 (  0.146)
| Test: [0][323/325]   Time 0.232  Data 0.000  top1   0.000 (  0.145)
| Test: [0][324/325]   Time 0.232  Data 0.000  top1   0.000 (  0.145)
| Test: [0][325/325]   Time 1.587  Data 0.000  top1   0.000 (  0.144)
* Finished epoch # 0     top1:   0.144

* Results top1:  0.144
```

图 4.21 估测实操状态截图

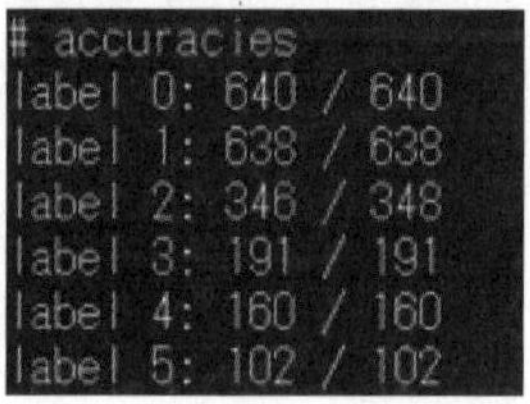

```
# accuracies
label 0: 640 / 640
label 1: 638 / 638
label 2: 346 / 348
label 3: 191 / 191
label 4: 160 / 160
label 5: 102 / 102
```

图 4.22 合计程序截图

执行命令 4.12，把测试集所有图像的估测结果保存在 ~/projects/4-5 路径下。估测结果文件命名如下：

- result_resnet_0. csv：正确分类 0 （airplanes）。
- result_resnet_1. csv：正确分类 0 （motorbikes）。
- result_resnet_2. csv：正确分类 0 （faces_easy）。
- result_resnet_3. csv：正确分类 0 （watch）。
- result_resnet_4. csv：正确分类 0 （leopards）。
- result_resnet_5. csv：正确分类 0 （bonsai）。

统计估测结果正确率见表 4.9。

表 4.9 测试数据集正确率（ResNet-152 模型）

		测试数据集正确分类						合计
		airplanes	motorbikes	faces_easy	watch	leopards	bonsai	
估测分类	正确	640	638	346	191	160	102	2077
	错误	0	0	2	0	0	0	2
	共计	640	638	348	191	160	102	2079
正确率		100.0%	100.0%	99.4%	100.0%	100.0%	100.0%	99.9%

如前所述，基于 VGG-16 模型（见表 4.7）的正确率达到了 98.8%。与此相比，基于

ResNet-152 的模型仅有2张图像分类错误，正确率高达99.9%。由于 Torch 使用了 cuDNN 数据库，有可能造成每次训练估测结果出现些许不同的情况。

如上所示，基于预训练模型进行训练估测，可在图像识别分类中达到较高的估测精度。

知识扩展

贝叶斯与半监督学习

监督学习（Supervised Learning）是利用成对已标记好的输入数据和期望输出进行训练的方法。目的是引入期望输出作为输入数据的函数，找到函数最优参数值。

无监督学习（Unsupervised Learning）是指在仅有输入数据（与测试数据集结构相同），且无期望输出的环境下推进训练的方法。其目的是找到输入数据的特征值。

半监督学习（Semi-Supervised Learning）的目的是同时对训练数据和测试数据进行训练，以求能进一步提升估测精度。通常实际操作中，带标签的期望输出非常少，无标签（期望输出）的数据数量非常多，因此半监督学习的效果非常显著。

半监督学习的常用方法有 Self Training、Graph-based SSL 和 Generative Models。

Self Training 是指使用训练集训练模型后，计算测试集估测值（伪标签），再使用成对标记好的测试集和伪标签重新训练模型的方法。例如，在训练集基础上增加全部伪标签，或只增加高品质伪标签继续训练模型等方法。4.6 节中将介绍 Self Training 的模型训练方法。

Graph-based SSL 指以训练集和测试集中全部输入数据为对象，计算输入数据相似度并依此构建输入数据图表的方法。图表中包含带标签（期望输出）的输入数据。通常认为图表中近似的输入数据的期望输出相同。

Generative Models 是指输入数据背后存在潜变量（隐形变量），根据输入数据计算潜变量的方法。该方法的理论基础是贝叶斯定理。

若有男女性共5人，身高分别为151cm、154cm、160cm、170cm和183cm，下面尝试估测这5人的性别概率（潜变量）。表C4.1a只录入了5人的身高信息，而表C4.1b在囊括5人身高信息的同时，标记D为男性。5人之中仅有该男性1人的数据带标签。表C4.1a是无标签的‘无监督学习’用数据，表C4.1b是仅含1组成对标签的半监督学习用数据。

表 C4.1　无监督学习和半监督学习输入数据

a）无监督学习用数据

	男女5人身高				
	A	B	C	D	E
身高/cm	151	154	160	170	183
男性概率	?	?	?	?	?
女性概率	?	?	?	?	?

b）半监督学习用数据

	男女5人身高				
	A	B	C	D	E
身高/cm	151	154	160	170	183
男性概率	?	?	?	1	?
女性概率	?	?	?	0	?

表 C4.2 是采用基于贝叶斯定理的 EM 算法计算推导出的性别概率估测结果表。假设包括两种正态分布。

表 C4.2　采用 EM 算法的估测结果

a）无监督学习的估测值

	男女 5 人身高				
	A	B	C	D	E
身高/cm	151	154	160	170	183
男性概率	0.167	0.174	0.311	0.918	1.000
女性概率	0.833	0.826	0.689	0.082	0.000

b）半监督学习的估测值

	男女 5 人身高				
	A	B	C	D	E
身高/cm	151	154	160	170	183
男性概率	0.077	0.092	0.767	1	1.000
女性概率	0.923	0.908	0.233	0	0.000

由于表 C4.2b 中已确定 D 为男性，故判断身高和 D 相近的 C 也是男性，同理 A、B 为女性的概率要高于模式（a）。

D. P. Kingma 早在 2014 年就已提出结合 Generative Models 和深度学习的 Deep Generative Models 模型㊀。该模型在基于 MNIST 数据集的图像分类中，通过对仅含有 100 张带标签的 50000 张图像的半监督学习，取得了十分不错的成绩，错误率仅为 3.33%。

4.6　估测精度的进一步提升

4.6.1　概要

接下来学习进一步提升估测精度的方法，即 2015 年 3 月 Deep Sea 在 Kaggle 海洋浮游生物分类比赛“National Data Science Bow”中斩获桂冠所采用的方法。该方法不是 Deep Sea 为参加 Kaggle 比赛专门构思的，在参加 Kaggle 比赛前，Deep Sea 成员为提高估测精度已尝试使用了多种机械学习方法，主要使用方法如下：

① 多模型的利用。

② Self Training。

③ Stacked Generalization。

该模型基础是 4.3 节中提到的基于 Keras 的 9 层模型。最初拟采用 VGG-16 作基础模型，但由于 Caltech 101 图像品质高，且预训练模型的估测精度也高，最终选择了估测精度略低的 9 层模型作为基础模型。

㊀ Diederik P. Kingma，Danilo J. Rezendey，Shakir Mohamedy，Max Welling：Semi-supervised Learning with Deep Generative Models，2014。

下面先简单了解一下上述 3 种方法的相关信息。

1. 多模型的利用

搭建多个模型，取各个模型的估测结果均值作最终估测结果，即模型平均法。通过取模型估测结果均值的方法，可以提升估测精度和对未知测试集的估测能力（泛化能力）。

多模型的搭建可以采用下述方法实现，先搭建一个基础模型，然后对该模型进行微调。例如：

① 调整输入层的图像尺寸，添加模型模式。

② 调整程序的随机种子数和数据读取顺序，添加模型模式。

本书将采用调整随机种子数的方式来搭建 3 个模型。

2. Self Training

Self Training 是半监督学习的方法之一。首先利用训练集训练模型，计算测试集的估测值，再使用成对标记好的测试集及计算出的估测值重新训练模型。然后可以得到具有测试集特征的模型参数（权值）。该测试集的估测值也称为伪标签（pseudo label）。

由于基于 Self Training 的最终估测精度受伪标签精度影响，所以将采用下述的 Stacked Generalization 法来制作高精度伪标签。此外，还将从测试集伪标签中提取高精度伪标签加至训练数据集。

3. Stacked Generalization

图 4.23 是常见的估测法。

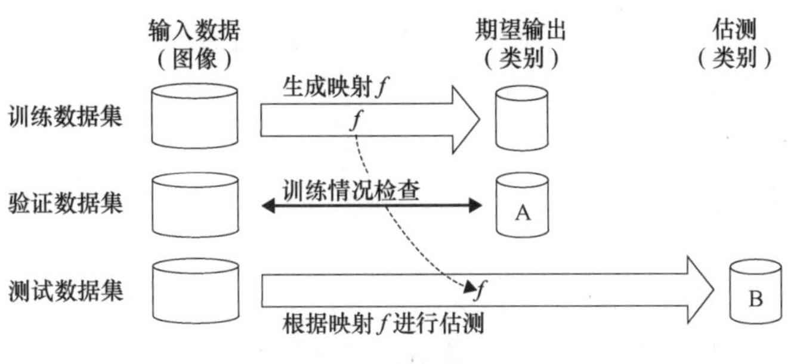

图 4.23　常见估测法

用训练数据集训练模型，生成映射 f。在常见估测方法中，验证集主要用于训练状况的评价。根据生成的映射 f，可对测试集进行估测，得到估测结果 B。

但在基于 Stacked Generalization[㊀] 的估测方法中，验证集使用方法不同。图 4.24 是基于 Stacked Generalization 的估测方法。

与常见估测法一样，都是先根据映射 f 对测试集进行估测。再根据映射 f 对验证集进行估测生成估测值 C（图 4.24①）。验证集数据均包含期望输出 A。若映射 f 完整无损，则期

㊀ Wolpert, D. H., Stacked generalization. Neural Networks, 1992。

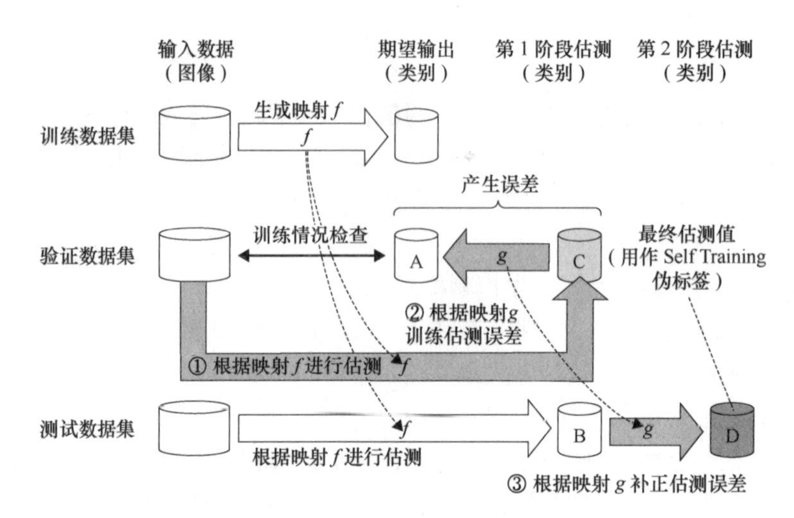

图 4. 24　基于 Stacked Generalization 的估测方法

望输出 A 应与估测值 C 相同。但若实际中 A 与 C 不同，将产生误差。如此估测值 B 中或也存在同样误差。

为补正误差，变更 C 为 A 生成新映射 g（见图 4. 24②）。若将该补正运用在 B 上，则可得到更高精度的估测值。然后利用映射 g 补正估测值 B 的误差，生成估测值 D（见图 4. 24③）。估测值 D 即为调用 Stacked Generalization 法生成的最终估测值。使用估测值 D 作 Self Training 的伪标签。下面将以 2 层全连接神经网络作映射 g 使用。

4. 6 节的使用程序包含以下 4 种：

① multiple_model. py。

② pseudo_model. py。

③ average_3models. py。

④ make_pseudo_label. py。

上述程序均解压缩保存在 ~/projects/4-6 路径下。

4. 6. 2　多模型的利用

下面使用的数据是 4. 2 节中制作生成的扩张后的数据。搭建 3 组模型，并取该 3 组模型估测值的平均值作为最终估测值。以 4. 3 节使用的 Keras 9 层模型为基础模型，利用调整随机种子数来搭建 3 组不同模型，随机种子数分别使用 1、2、3。

执行命令 4. 13，训练 3 组模型。训练 epoch 数设置为 40。在参数中指定 train 和用来区别模型的模型编号。在程序内部，生成基于该模型编号的随机种子数。

每组模型训练实操时，显示器上均会显示各 epoch 的训练状况，并记录每组模型进行第 1、2 次 holdout 验证中，validation accuracy（val_acc）值达到最高时的 epoch 数。整体训练时长约为1.5h。

命令4.13

```
$ cd ~/projects/4-6
$ source activate main
(main)$ export THEANO_FLAGS='mode=FAST_RUN,device=gpu0, \
floatX=float32,optimizer_excluding=conv_dnn'
(main)$ python multiple_model.py train 1
(main)$ python multiple_model.py train 2
(main)$ python multiple_model.py train 3
```

下面开始估测。本次训练实操中，模型1的val_acc达到最高值时的epoch数如下所示：

- 模型1 holdout检验第一回（以下、1HO）：32epoch。
- 模型1 holdout检验第二回（以下、2HO）：27epoch。

模型2、模型3的结果如下：

- 模型2 1HO：29epoch。
- 模型2 2HO：33epoch。
- 模型3 1HO：32epoch。
- 模型3 2HO：40epoch。

执行命令4.14，赋予参数test及模型编号、epoch数，然后基于3组模型估测。估测结束后，在~/projects/4-6/subm路径下生成result_multi_［模型编号］_［类别］.csv文件。

命令4.14

```
$ cd ~/projects/4-6
$ source activate main
(main)$ export THEANO_FLAGS='mode=FAST_RUN,device=gpu0, \
floatX=float32,optimizer_excluding=conv_dnn'
(main)$ python multiple_model.py test 1 32 27
(main)$ python multiple_model.py test 2 29 33
(main)$ python multiple_model.py test 3 32 40
```

最后执行命令4.15，计算3组模型估测结果的平均值。各模型估测结果即为各类别的概率。计算3组模型对每张图像的估测概率均值。

命令4.15

```
$ cd ~/projects/4-6
$ source activate main
(main)$ python average_3models.py normal
```

执行命令4.15后，在~/projects/4-6/subm路径下会生成result_average_［类别］.csv文件。

统计上述文件，计算整理出每组模型的正确率及模型平均值的正确率，见表 4. 10。模型 1 是 4. 3 节中使用的 9 层模型。

虽然模型平均的正确率为 82. 4%，较之单个模型估测正确率没有明显提高（表 4. 10 模型平均），但毋庸质疑其泛化能力得到了提升。

表 4. 10　3 组模型及模型平均值的正确率

模型 1　Seed = 1

		测试数据集的真实分类						合计
		airplanes	motorbikes	faces_easy	watch	leopards	bonsai	
估测分类	正确	532	603	322	93	130	33	1713
	错误	108	35	26	98	30	69	366
	合计	640	638	348	191	160	102	2079
正确率		83. 1%	94. 5%	92. 5%	48. 7%	81. 3%	32. 4%	82. 4%

模型 2　Seed = 2

		测试数据集的真实分类						合计
		airplanes	motorbikes	faces_easy	watch	leopards	bonsai	
估测分类	正确	451	616	327	105	141	40	1680
	错误	189	22	21	86	19	62	399
	合计	640	638	348	191	160	102	2079
正确率		70. 5%	96. 6%	94. 0%	55. 0%	88. 1%	39. 2%	80. 8%

模型 3　Seed = 3

		测试数据集的真实分类						合计
		airplanes	motorbikes	faces_easy	watch	leopards	bonsai	
估测分类	正确	503	609	332	91	138	46	1719
	错误	137	29	16	100	22	56	360
	合计	640	638	348	191	160	102	2079
正确率		78. 6%	95. 5%	95. 4%	47. 6%	86. 3%	45. 1%	82. 7%

模型平均值

		测试数据集的真实分类						合计
		airplanes	motorbikes	faces_easy	watch	leopards	bonsai	
估测分类	正确	502	608	330	99	136	39	1714
	错误	138	30	18	92	24	63	365
	合计	640	638	348	191	160	102	2079
正确率		78. 4%	95. 3%	94. 8%	51. 8%	85. 0%	38. 2%	82. 4%

4.6.3　Stacked Generalization

接下来将在 Stacked Generalization 中调用模型平均计算出的估测结果来提升估测精度。首先搭建对应图 4.24 中映射 g 的模型。训练用的输入数据及期望输出如下：

- 输入数据，根据映射 f 对验证集估测出的数据（图 4.24 中的 C）。
- 期望输出，验证集的期望输出（图 4.24 中的 A）。

基于图 4.25 的 2 层神经网络模型训练估测误差。

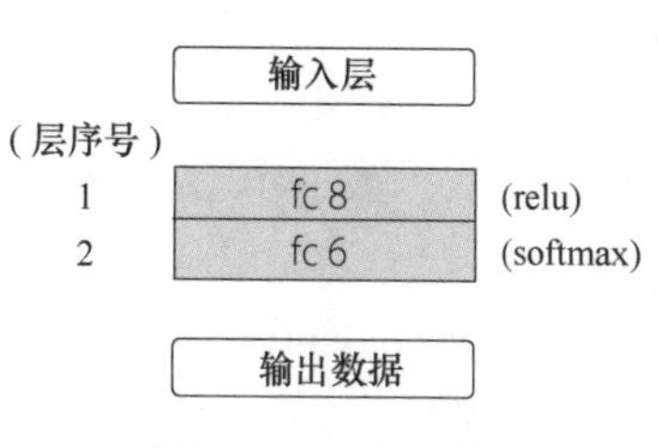

图 4.25　2 层网络

基于对应映射 g 训练后的 2 层模型，导入模型平均估测结果（见图 4.24B）作为输入数据，重新进行估测。执行命令 4.16，训练模型并进行估测实操。单个程序的训练估测任务实现仅需数分钟。由于训练总 epoch 数是 3500，所以估测调用的是 3500 次 epoch 的权值。

命令 4.16

```
$ cd ~/projects/4-6
$ source activate main
(main)$ export THEANO_FLAGS='mode=FAST_RUN,device=gpu0, \
floatX=float32,optimizer_excluding=conv_dnn'
(main)$ python make_pseudo_label.py
```

执行命令 4.16 后，在 ~/projects/4 ~6/subm 路径下生成 pseudo_label_[分类].csv 文件。该文件是测试集所有图像的估测结果，统计结果见表 4.11。可见基于 Stacked Generalization 的正解率为 82.6%，较未使用该方法的模型平均（见表 4.10 中模型平均）的正解率 82.4% 上升了 0.2%。

表 4.11　基于 Stacked Generalization 的正确率

		测试数据集的实际分类						合计
		airplanes	motorbikes	faces_easy	watch	leopards	bonsai	
估测分类	正解	507	602	310	124	126	49	1718
	错误	133	36	38	67	34	53	361
	合计	640	638	348	191	160	102	2079
正确率		79.2%	94.4%	89.1%	64.9%	78.8%	48.0%	82.6%

4.6.4　Self Training

最后使用 Self Training 来提升估测精度。在 Self Training 中，使用基于 Stacked Generalization 的预测结果作伪标签，定义训练数据集为 hard-target，基于测试集生成的伪标签为 soft-target。

Deep Sea 小组采用的是 10 折交叉验证（cross validation）法，即将原始训练数据集分为 10 份，轮流将其中 1 份作为 hard-target，其余 9 份作 soft-target。最终生成 10 组训练集。但本次每组训练集均包括 hard-target。此外，也仅从 soft-target 中挑选高像素数据（分类判定准确率在 0.8 以上）作为补充训练集使用。基于上述数据，再次进行 4.6.2 节中介绍的多模型利用处理。表 4.12 是 Self Training 使用的数据，2 次 holdout 验证使用的 soft-target 数据相同。

第 1 次 holdout 验证的训练集样本数为 1305 + 6100 = 7405 个，约为原始样本数的 6 倍。由于样本数的增加，训练时长也相应地成倍增长。

表 4.12　Self Training 用数据集

	第 1 次 holdout 检验			第 2 次 holdout 检验			测试数据集
	训练数据集		验证数据集	训练数据集		验证数据集	
	hard-target	soft-target（伪标签）		hard-target	soft-target（伪标签）		
airplanes	400	1455	400	400	1455	400	3200
motorbikes	400	2550	400	400	2550	400	3190
faces_easy	220	1425	215	220	1425	215	1740
watch	120	125	120	120	125	120	955
leopards	100	520	100	100	520	100	800
bonsai	65	25	65	65	25	65	510
总计	1305	6100	1300	1305	6100	1300	10395

通过程序 pseudo_model.py 调用 Self Training，并在参数中指定 train 和模型编号。执行命令 4.17，对 3 组模型进行训练。训练完成 epoch 数为 40。训练中分别记录对各模型进行 2 次 holdout 验证时，validation accuracy（val_acc）达到最高值时的 epoch 数。整体训练时长约为 8h。

命令 4.17

```
$ cd ~/projects/4-6
$ source activate main
(main)$ export THEANO_FLAGS='mode=FAST_RUN,device=gpu0, \
floatX=float32,optimizer_excluding=conv_dnn'
(main)$ python pseudo_model.py train 1
(main)$ python pseudo_model.py train 2
(main)$ python pseudo_model.py train 3
```

然后开始估测。训练中 val_acc 达到最高值时的 epoch 数如下所示：

- 模型 1 1HO：37epoch、2HO：38epoch。
- 模型 2 2HO：37epoch、2HO：37epoch。
- 模型 3 2HO：38epoch、2HO：40epoch。

执行命令 4.18，赋予参数 test、模型序号及 epoch 数，重新对 3 组模型进行估测。

命令 4.18

```
$ cd ~/projects/4-6
$ source activate main
(main)$ export THEANO_FLAGS='mode=FAST_RUN,device=gpu0, \
floatX=float32,optimizer_excluding=conv_dnn'
(main)$ python pseudo_model.py test 1 37 38
(main)$ python pseudo_model.py test 2 37 37
(main)$ python pseudo_model.py test 3 38 40
```

完成估测后，在 ~/projects/4-6/subm 路径下生成文件 result_pseudo_[模型编号]_[分类].csv。执行命令 4.19，计算 3 组模型估测结果均值。

命令 4.19

```
$cd ~/projects/4-6
$ source activate main
(main)$ python average_3models.py pseudo
```

执行命令 4.19 后，在 ~/projects/4-6/subm 路径下生成 final_average_[分类].csv 文件。

统计上述文件，整理绘制各模型及模型均值的正确率比较图，结果见表 4.13。最初模型均值正确率为 82.4%（见表 4.10）、采用 Stacked Generalization 和 Self Training 方法后，模型均值正确率升至 87.2%（见表 4.13）。

表 4.13　各模型的正确率（Stacked Generalization + Self Training）

模型 1　Seed = 1

		测试数据集的实际分类						合计
		airplanes	motorbikes	faces_easy	watch	leopards	bonsai	
估测分类	正解	591	628	337	78	143	41	1818
	错误	49	10	11	113	17	61	261
	合计	640	638	348	191	160	102	2079
正确率		92.3%	98.4%	96.8%	40.8%	89.4%	40.2%	87.4%

模型 2 Seed = 2

		测试数据集的实际分类						合计
		airplanes	motorbikes	faces_easy	watch	leopards	bonsai	
估测分类	正解	590	629	333	78	143	39	1812
	错误	50	9	15	113	17	63	267
	合计	640	638	348	191	160	102	2079
正确率		92.2%	98.6%	95.7%	40.8%	89.4%	38.2%	87.2%

模型 3 Seed = 3

		测试数据集的实际分类						合计
		airplanes	motorbikes	faces_easy	watch	leopards	bonsai	
估测分类	正解	585	626	336	78	145	32	1802
	错误	55	12	12	113	15	70	277
	合计	640	638	348	191	160	102	2079
正确率		91.4%	98.1%	96.6%	40.8%	90.6%	31.4%	86.7%

模型平均值

		测试数据集的实际分类						合计
		airplanes	motorbikes	faces_easy	watch	leopards	bonsai	
估测分类	正解	590	628	335	77	144	39	1813
	错误	50	10	13	114	16	63	266
	合计	640	638	348	191	160	102	2079
正确率		92.2%	98.4%	96.3%	40.3%	90.0%	38.2%	87.2%

第 5 章　目 标 检 测

本章的主要内容是进一步提升精度的目标检测。首先将向读者介绍基于 26 层模型的估测目标定位、尺寸及种类的方法。然后将基于 23 层模型，对目标定位检测及形状估测的方法进行介绍。

5.1　目标定位——26 层网络

5.1.1　目标定位、尺寸及种类的估测

前几章主要介绍了基于深度学习对单张图像的内容及类别进行估测的示例及方法。但实际生活中的照片往往包含多个对象，例如人狗合照、摩托车的背景中有汽车等情况，所以常常会出现单张照片难以归类的情况。

因此本章将就如何识别单张照片中的目标对象及目标检测等问题进行介绍。调用 Caltech 101 中的 airplanes 和 motorbikes 数据训练模型，尝试对飞机和摩托车进行目标检测。图 5.1 是目标检测示例。从图中可以看出已成功识别并标记出狗、人和马的定位及尺寸。

图 5.1　目标检测示例（引自 Yolo 主页）

5.1.2 使用软件及特征

1. 使用软件

用 Yolo[㊀]（You only look once）算法可实现识别标记目标定位、尺寸及种类。Yolo 是基于 C 语言的框架 Darknet 中的一种功能，可对视频内容进行实时目标检测。不过本次只用到了 Yolo 针对静止图像的目标检测功能。基于 Pascal VOC 2012 数据的 Yolo 预训练模型已经开源，推荐尝试 Yolo 结构。接下来先基于预训练模型介绍 Yolo 基础操作，然后介绍如何对目标进行训练，以及搭建新模型的方法。

基于神经网络实现目标检测的方法还有 R-CNN（Regions with CNN）和 Fast R-CNN 等。Yolo 的检测水平完全不比上述两种方法逊色，且 Yolo 的运行处理速度可超 R-CNN 千倍、Fast R-CNN 百倍。

2. 训练顺序

R-CNN 等目标检测基本流程如下：

1）基于图像（期望输出）对识别分类模型进行训练。

2）在图像对象中生成多个目标候选框。

3）先基于 1）训练出的模型对目标进行各类别概率估测，然后从生成的多个目标候选框中提取出相似度高的候选框。

有些单张图像可能会出现数千处候选框的情况。若对数千处候选框一一进行估测，耗费时长必定相当可观。众所周知，视频每秒包含的图像高达数十帧，R-CNN 恐怕难以应对视频实时目标检测的问题。

相较之，Yolo 可以在单次估测中，同时生成候选框并计算候选框的类别概率，实现快速的目标检测任务。

图 5.2 是 Yolo 的训练流程图。输入图像像素必须是 448 × 448。

期望输出包含下述两种数据。

1）候选框数据。

在原始图像上生成疑似目标的矩形候选框 S × S × B 个。S 代表 Side，B 代表 Bounding box。设置 S（栅格个数）=7，B =3，最后共生成 7 × 7 × 3 = 147 个候选框。候选框包含区域坐标信息（x，y，w，h）和置信度（confidence），共 5 种信息。因此期望输出的神经元数可达 147 × 5 =735 个。

2）单元格数据。

将原始图像分割成 S × S 个单元格，对各单元格设置包含“狗”及“自行车”等目标的概率。设置 S =7，生成 7 × 7 = 49 个栅格。由于识别分类需要用到神经元，若有 2 个类别

㊀ http://pjreddie.com/darknet/yolo/。

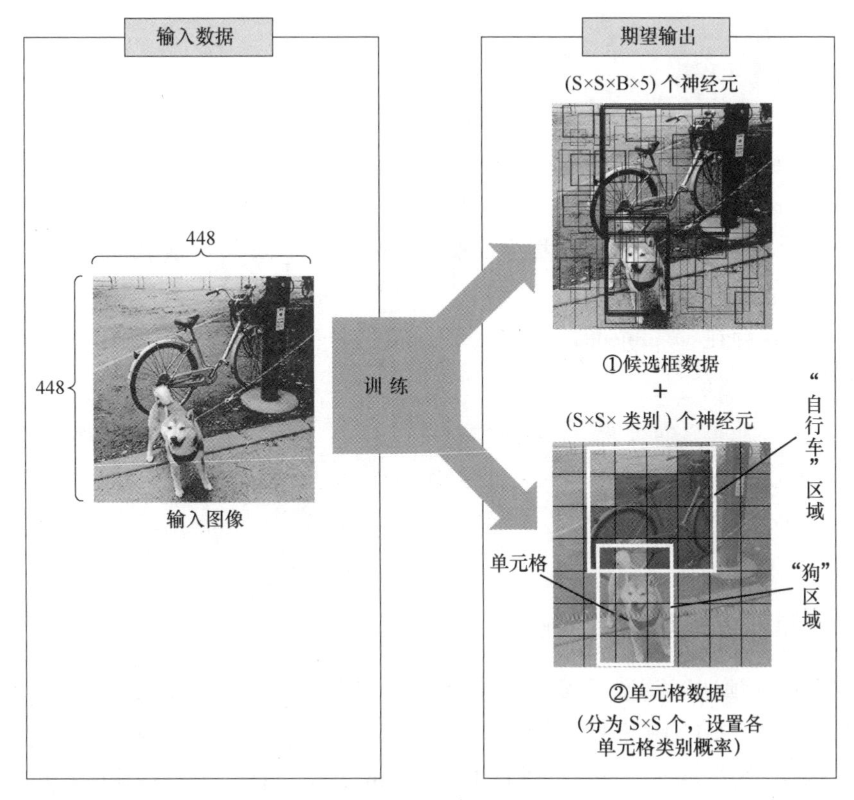

图 5.2　Yolo 训练流程图

(2 个目标)，则输出层需包含 $7\times7\times2=98$ 个神经元。然后加上 1) 中候选框数据的神经元数，输出层共需 833 个神经元。

训练神经网络权值来匹配候选框与栅格目标。调用损失函数 *IOU* (Intersection Over Union) 计算候选框 b 与栅格 g 的交集比重，即

$$IOU=\frac{|b\cap g|}{|b\cup g|}$$

在期望输出中匹配候选框数据和栅格数据，对由 24 层卷积网络和 2 层全连接层构成的 26 层神经网络进行训练。

5.1.3　实操环境的安装

在深度学习机上打开浏览器，从 Ohmsha 的主页 (http://www.ohmsha.co.jp) 上下载 Yolo 的"训练・估测用程序"及"预训练模型用程序"，并将其安装在 ~/projects/5-1 路径下[⊖]。

⊖ 本书使用的 Yolo 程序已在 GitHub (https://github.com/pjreddie/darknet) 平台上开源。为方便使用，本书已对下载的 Yolo 程序进行了调整。调整后的 Yolo 程序可直接在 Ohmsha 主页上下载使用。

下载下来的文件包含如下2类：

- 训练·估测用程序。

文件名：darknet_train. tar. gz（约5.6MB）。

- 预训练模型用程序。

文件名：darknet_test. tar. gz（约5.2MB）。

由于Yolo是基于C语言编写的程序，所以必须基于gcc编译器编写调用该程序。本书使用的gcc版本是4.8.4[1]。

把下载文件保存在~/projects/5-1路径下，执行命令5.1进行解压。

命令5.1

```
$ cd ~/projects/5-1
$ tar zxvf darknet_train.tar.gz
$ tar zxvf darknet_test.tar.gz
```

5.1.4　基于预训练模型的目标检测

首先基于Yolo预训练模型对Yolo的基本流程进行介绍。这里主要使用Yolo预训练模型，基于Pascal VOC2012中的图像数据对表5.1所示的20种目标进行训练。通常来说，会先基于新的训练数据集对预训练模型进行Fine-tuning，但下面将直接使用预训练模型来尝试进行估测实操。基于Yolo的预训练模型可同时检测出20种目标。

表5.1　Yolo预训练模型检测目标

1	airplane	6	bus	11	diningtable	16	pottedplant
2	bicycle	7	car	12	dog	17	sheep
3	bird	8	cat	13	horse	18	sofa
4	boat	9	chair	14	motorbike	19	train
5	bottle	10	cow	15	person	20	tvmonitor

从Ohmsha主页上下载Yolo预训练模型，安装在~/data/Yolo路径下。预训练模型的文件名如下：

- yolo. weights（数据容量约为750MB）。

接下来尝试进行目标检测。执行命令5.2。

[1] 由于使用的gcc版本不同，可能导致编译出现错误。

命令 5.2

```
$ cd ~/projects/5-1/darknet_test
$ make clean
$ make
$ ./darknet yolo test cfg/yolo.cfg ~/data/Yolo/yolo.weights \
./yolo_test_sample.jpg -thresh 0.1
```

命令 darknet 的参数概要如下：

① yolo，指定使用 Yolo。

② test，不训练，直接估测。

③ cfg/yolo. cfg，实际运行时读取的配置数据。其中包含模型结构、训练结束的 epoch 数以及学习率等参数。

④ ~/data/Yolo/yolo. weights，指定使用模型。本次调用的是下载的预训练模型。

⑤ ./yolo_test_sample. jpg，指定输入数据（原始图像）。基于该数据进行目标检测。

⑥ -thresh 0. 1，设置提取检测结果的阈值。初始值为 0. 1。调整增加阈值，可提取更高准确度的候选框进行检测。

开始估测后，目标检测结果被保存在下述文件中。文件名默认不变。

~/projects/5-1/darknet_test/predictions. png

图 5. 3 是输入数据和目标检测结果，同时检测出了狗和自行车 2 种目标。

a) 输入数据

b) 目标检测结果

图 5. 3 基于 Yolo 预训练模型的目标检测示例

在本次估测实操中设置阈值 thresh =0. 1。若设置阈值 thresh = -1，图像中会同时出现 147 个候选框（见图 5. 4）。图 5. 3 是从这 147 个候选框中提取并展示出的阈值0. 1 以上的候选框截图。阈值 thresh 通常设置在 0. 1 ~0. 7 区间内。

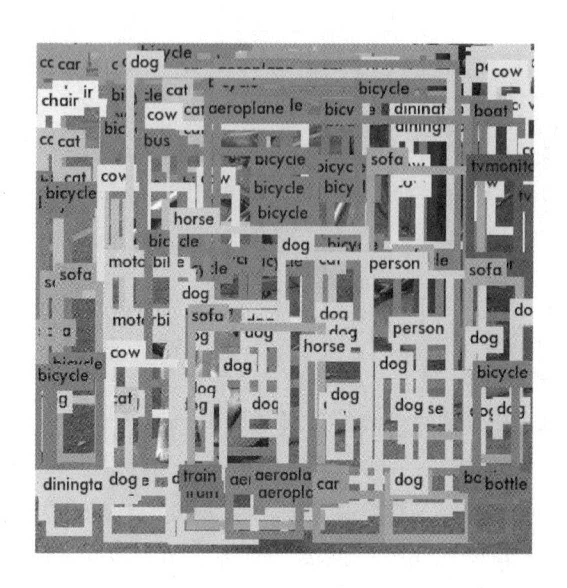

图 5.4　全部候选框显示图

5.1.5　基于目标特征提取的目标检测

接下来介绍识别新目标并基于该目标进行目标检测的方法。将基于 Caltech 101 中的 airplanes 及 motorbikes 图像提取目标特征，然后对 airplanes 和 motorbikes 进行目标检测。

本次训练使用数据为 4.2 节“公共数据的制作”中生成的下述数据。

- 类别“airplanes”。

○ 训练数据集　　80 张图像

对象路径 ~/data/Caltech-101/train_org/0/0/

○ 验证数据集　　80 张图像

对象路径 ~/data/Caltech-101/valid_org/0/0/

共计 160 张图像。

- 类别“motorbikes”。

○ 训练数据集　　80 张图像

对象路径 ~/data/Caltech-101/train_org/0/1/

○ 验证数据集　　80 张图像

对象路径 ~/data/Caltech-101/valid_org/0/1/

共计 160 张图像。

为了方便对新目标的学习，Yolo 提供了自带最优权值的模型，本书中称为初始设置模型。调用初始设置模型作为神经网络权值的初始值，对新目标进行学习。

初始设置模型可在 Ohmsha 的主页上下载，然后安装到 ~/data/Yolo 路径下。初始设置模型文件名如下：

- extraction. conv. weights（数据大小约 45MB）

1. 制作期望输出用原始数据

从 Caltech 101 的 airplanes 和 motorbikes 两类图像库中分别导出 160 张图片，并在导出图片上制作“目标位置信息”。Yolo 会在训练实操中读取这些“目标位置信息”，并在内部自动生成期望输出。

制作位置信息需要使用到 BBox-Label-Tool 软件㊀。BBox-Label-Tool 是一种在图像中标记对象边界框的工具。使用该软件可保存标记出的对象边界框的坐标信息，并将其转换为 Yolo 用数据，生成“目标位置信息”。

用 BBox-Label-Tool 生成的坐标数据及“目标位置信息”示例如下：

- BBox-Label-Tool 生成的坐标信息示例（2 行 1 组记录）

1

48 22 352 137

- “目标位置信息”示例

0 0. 502512562814 0. 484756097561 0. 763819095477 0. 701219512195

此处生成的“目标位置信息”（已转换为 Yolo 用数据）均可在 Ohmsha 的主页上下载使用。该数据被包含在下载文件 darknet_train. tar. gz 中。执行命令 5. 1 解压缩该文件，“目标位置信息”保存如下：

- “airplanes”用 目标位置信息（160 个文件）

~/projects/5-1/darknet_train/script/labels/airplanes/image_0001. txt ~ image_0160. txt

- “motorbikes”用 目标位置信息（160 个文件）

~/projects/5-1/darknet_train/script/labels/motorbikes/image_0001. txt ~ image_0160. txt

2. 程序调试要点

为方便本书使用，书中使用的 Yolo 程序已做过调试。下面对程序调试的要点进行说明。

Yolo 程序共提供 20 个类别用图形。由于后续仅使用到 airplanes 及 motorbikes 两类，因此此处只进行了两项调整。

1）C 程序的调试要点。

按照程序 5. 1 对程序 yolo. c 进行调试。程序 5. 1 包含调试前、后的程序源。程序 5. 1 中①是用新变量 class_num 定义了 2 个类别。

㊀ BBox-Label-Tool，是基于 Python 的标记图像范围的指定工具。BBox-Label-Tool 的安装方法及“目标位置信息”的制作方法可参照附录 A。参考网站 https://github. com/puzzledqs/BBox-Label-Tool。

程序 5.1 ~/projects/5-1/darknet_train/src/yolo.c（摘录）

```
------------------------- 调试前1 -------------------------
char *voc_names[] = {"aeroplane", "bicycle", "bird", "boat",
"bottle", "bus", "car", "cat", "chair", "cow", "diningtable",
"dog", "horse", "motorbike", "person", "pottedplant", "sheep",
"sofa", "train", "tvmonitor"};
image voc_labels[20];

void train_yolo(char *cfgfile, char *weightfile)
{
    char *train_images = "/data/voc/train.txt";
    char *backup_directory = "/home/pjreddie/backup/";
------------------------- 调试后1 -------------------------
char *voc_names[] = {"airplanes", "motorbikes"};
image voc_labels[2];
int class_num = 2;   // ---①

void train_yolo(char *cfgfile, char *weightfile)
{
    char *train_images = "./scripts/train.txt";
    char *backup_directory = "./scripts/backup/";
-----------------------------------------------------------

…(中间过程略)

------------------------- 调试前2 -------------------------
draw_detections(im, l.side*l.side*l.n, thresh, boxes, probs,
    voc_names, voc_labels, 20);
------------------------- 调试后2 -------------------------
draw_detections(im, l.side*l.side*l.n, thresh, boxes, probs,
    voc_names, voc_labels, class_num);
-----------------------------------------------------------

…(中间过程略)

------------------------- 调试前3 -------------------------
for(i = 0; i < 20; ++i){
------------------------- 调试后3 -------------------------
for(i = 0; i < class_num; ++i){
-----------------------------------------------------------
```

2）配置数据的概要及调试要点。

- 配置数据概要

程序 5.2 是实际运行时读取的配置数据。

○ Yolo 训练时会随机地从训练数据集中提取一定数量的样本进行训练。设定此训练为

1epoch。

○ 设置 batch = 64 来指定提取样本数（a），即 1 次 epoch 的训练对象为 64 个样本。训练中还需对放射变化后的图片进行训练。

○ 用 batch 值除以 subdivisions（b）计算出批尺寸。此处的批尺寸为 64 ÷ 4 = 16。

○ 设置 height = 448（c），width = 448（d）对原始图像进行扩缩。统一原始图像的像素尺寸为 448 × 448。

○ 将原始图像分为 S × S 个栅格，并设置 side = 7（e）。同时，生成 S × S × B 个候选框，指定 num = 3（f）设置 B 值。

● 配置数据调试要点

配置数据的调试要点如程序 5.2 所示，包括①～③3 处。

○ ①为训练完成的 epoch 数。初始设置是 40000 次，此处改为 2000 次。

○ 在②中设置输出层的神经元数。根据下列算式计算神经元数。其中 C 为类别数。

输出层神经元数 = S × S × (B × 5 + C)

因前面已设置 S = 7、B = 3、C = 2，所以输出层共包含 833 个神经元。

○ 在③中设置类别数。

程序 5.2 ~/projects/5-1/darknet_train/cfg/yolo.train.cfg（摘录）

```
[net]
batch=64          # --- (a)
subdivisions=4    # --- (b)
height=448        # --- (c)
width=448         # --- (d)
channels=3
momentum=0.9
decay=0.0005
saturation=1.5
exposure=1.5
hue=.1

learning_rate=0.0005
policy=steps
steps=200,400,600,20000,30000
scales=2.5,2,2,.1,.1
max_batches=2000    # ---①

…（中间过程略）

[connected]
output=833          # ---②
activation=linear
```

```
[detection]
classes=2          # ---③
coords=4
rescore=1
side=7          # --- (e)
num=3           # --- (f)
softmax=0
sqrt=1
jitter=.2

object_scale=1
noobject_scale=.5
class_scale=1
coord_scale=5
```

3. 编译实操

执行命令 5.3 开始编译。调试程序必须执行命令 5.3。

命令 5.3

```
$ cd ~/projects/5-1/darknet_train
$ make
```

4. 制作“类别名图像”

制作对应目标检测结果的“类别名图像”（见图 5.5）。按照需求此处制作“airplanes”及“motorbikes”的文字图像。

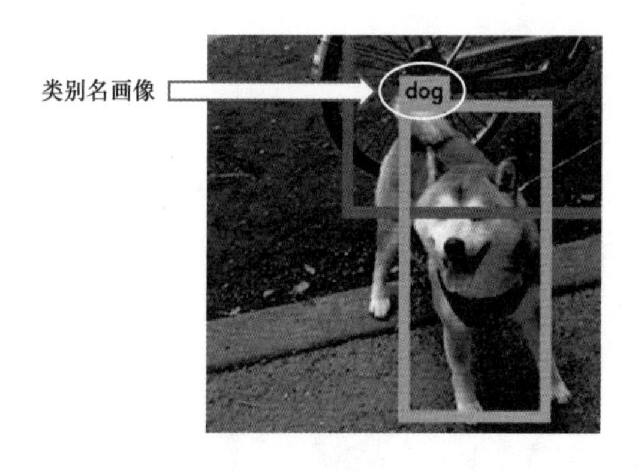

图 5.5　类别名图像

执行命令 5.4，生成“类别名图像”。本处使用的 make_labels. py 是 Yolo 的附带程序。make_label. py 的调试要点如程序 5.3 所示。

命令 5.4

```
$ cd ~/projects/5-1/darknet_train/data/labels
$ source activate main
(main)$ python make_labels.py
```

程序 5.3 ~/projects/5-1/darknet_train/data/labels/make_labels.py（摘录）

```
------------------------- 调试前 -------------------------
import os

l = ["person","bicycle","car","motorcycle","airplane","bus",
"train","truck","boat","traffic light","fire hydrant","stop sign",
"parking meter","bench","bird","cat","dog","horse","sheep","cow",
"elephant","bear","zebra","giraffe","backpack","umbrella",
"handbag","tie","suitcase","frisbee","skis","snowboard",
"sports ball","kite","baseball bat","baseball glove","skateboard",
"surfboard","tennis racket","bottle","wine glass","cup","fork",
"knife","spoon","bowl","banana","apple","sandwich","orange",
"broccoli","carrot","hot dog","pizza","donut","cake","chair",
"couch","potted plant","bed","dining table","toilet","tv","laptop",
"mouse","remote","keyboard","cell phone","microwave","oven",
"toaster","sink","refrigerator","book","clock","vase","scissors",
"teddy bear","hair drier","toothbrush", "aeroplane", "bicycle",
"bird", "boat", "bottle", "bus", "car", "cat", "chair", "cow",
"diningtable", "dog", "horse", "motorbike", "person",
"pottedplant", "sheep", "sofa", "train", "tvmonitor"]

for word in l:
    os.system("convert -fill black -background white -bordercolor
white -border 4 -font futura-normal -pointsize 18 label:\"%s\"
\"%s.png\""%(word, word))
------------------------- 调试后 -------------------------
import os

l = ["airplanes","motorbikes"]

for word in l:
    os.system("convert -fill black -background white -bordercolor
white -border 4 -font futura-normal -pointsize 18 label:\"%s\"
\"%s.png\""%(word, word))
----------------------------------------------------------
```

“类别名图像” 被保存在 ~/projects/5-1/darknet_train/data/labels 路径下。文件名是类别名称 + .png。

5. 实操案例

(1) 训练实践

第一步开始训练。从 Caltech 101 的 airplanes 和 motorbikes 两个类别中各提取 160 个样本用作训练。提取出来的图像路径和文件名如下所示：

- "airplanes" 用 图像数据（160 张图像）。

~/projects/5-1/darknet_train/script/images/airplanes/image_0001. jpg ~ image_0160. jpg

- "motorbikes" 用 图像数据（160 张图像）。

~/projects/5-1/darknet_train/script/images/motorbikes/image_0001. jpg ~ image_0160. jpg

"目标位置信息（调试为 Yolo 用数据）" 的文件名是 image_0001. txt ~ image_0160. txt。由于每个文件的后缀不同，因此可使用文件名来关联对应的训练用图像和"目标位置信息"。

执行命令 5. 5，复制图像并开始训练。使用模型为 Yolo 初始设置模型。完成 1 次 epoch 约 4s。因已设置训练完成的 epoch 数为 2000，所以训练总时长约为 2. 5h。

命令 5. 5

```
$ cd ~/projects/5-1/darknet_train

# airplanes 复制80张训练集图像
$ cp ~/data/Caltech-101/train_org/0/0/* ./scripts/images/airplanes/
# airplanes 复制80张验证集图像
$ cp ~/data/Caltech-101/valid_org/0/0/* ./scripts/images/airplanes/
# motorbikes 复制80张训练集图像
$ cp ~/data/Caltech-101/train_org/0/1/* ./scripts/images/motorbikes/
# motorbikes 复制80张验证集图像
$ cp ~/data/Caltech-101/valid_org/0/1/* ./scripts/images/motorbikes/

# 训练实操
$ make clean
$ make
$ ./darknet yolo train cfg/yolo.train.cfg \
~/data/Yolo/extraction.conv.weights
```

命令 darknet 的参数概要如下：

① yolo，指定使用 Yolo。

② train，开始训练模型。

③ cfg/yolo. train. cfg，指定实践读取的配置数据。

④ ~/data/Yolo/extraction. conv. weights，指定使用模型为下载的训练用初始设置模型。

图 5. 6 是训练实操截图。随着训练的推进，IOU 值不断增大。当"Avg IOU"值增长到 0. 9 时，检测性能达到最高。每次训练情况可能会有偏差。

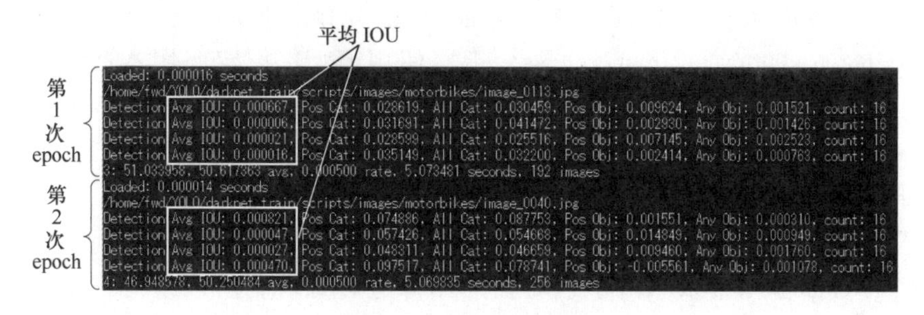

图 5.6 训练实操截图

训练完成后，在 ~/projects/5-1/darknet_train/scripts/backup 路径下生成 yolo_final.weights 文件，里面为本次训练生成的模型。估测时将调用该模型，对 airplanes 和 motorbikes 两类目标进行检测。

（2）估测实操

提前在 ~/projects/5-1/darknet_train 路径下准备好下述 3 张图像用于目标检测。该 3 张图形均已被解压保存。

① airplane_sample.jpg　飞机图像。

② motorbike_sample.jpg　摩托车图像。

③ cat_sample.jpg　　　小猫图像。

执行命令 5.6，开始目标检测。检测结果的图像被保存在 ~/projects/5-1/darknet_train/predictions.png 路径下。由于文件名为固定文件名，所以要在复制后替换成其他名字。

命令 5.6

```
$ cd ~/projects/5-1/darknet_train
$ ./darknet yolo test cfg/yolo.train.cfg \
./scripts/backup/yolo_final.weights \
./airplane_sample.jpg -thresh 0.3
$ cp ./predictions.png ./pred_airplanes.png
$ ./darknet yolo test cfg/yolo.train.cfg \
./scripts/backup/yolo_final.weights \
./motorbike_sample.jpg -thresh 0.3
$ cp ./predictions.png ./pred_motorbikes.png
$ ./darknet yolo test cfg/yolo.train.cfg \
./scripts/backup/yolo_final.weights \
./cat_sample.jpg -thresh 0.3
$ cp ./predictions.png ./pred_cat.png
```

命令 darknet 的参数概要如下：

① yolo，指定使用 Yolo。

② test，不训练，只做估测。

③ cfg/yolo. train. cfg，实操时读取的配置数据。指定读取训练用配置数据。

④ ./scripts/backup/yolo_final. weights，指定使用模型。指定使用本次训练中生成的模型。

⑤ ./＊＊＊＊＊_sample. jpe，指定原始数据（图像数据）。对原始数据进行目标检测。

⑥ -thresh 0. 3，设置报告检测结果时的阈值为 0. 3。

图 5. 7 是三张图像的目标检测结果。因为已对 airplans 和 motorbikes 做过训练，所以取得了良好的目标检测结果。由于未对猫的图像进行训练，所以最终未能检测出猫类目标。

a) pred_airplanes.png

b) pred_motorbikes.png

c) pred_cat.png

图 5. 7　图像目标检测结果

本次训练使用的 Caltech 101 图像均为目标处于图像中央位置的高品质图像。因此基于 Caltech 101 生成的期望输出的“目标位置信息”也都集中在图像中央。这意味着对候选框的训练也同样倾向于中央区域，但应准备多种模式的图像数据用于训练。

5. 2　目标形状识别——23 层网络

5. 2. 1　目标位置、大小及形状的估测

本节将介绍基于目标位置和尺寸估测目标形状的方法。基于 Caltech 101 的 airplanes 图像估测飞机的形状。图 5. 8 是使用深度学习对提供的飞机图像进行飞机位置及形状进行估测的流程。

深度学习的输出数据是图 5. 8c 所示黑白图片。将输出数据恢复到原始图像尺寸，得到最终估测结果。深度学习中的期望输出也是黑白图片。

5. 2. 2　使用模型及特征

1. U 形网络

图 5. 9（同图 4. 14）是 shorcut 结构的模型示例。下面使用 U 形 shortcut 结构的 U 形网络来搭建多层网络。

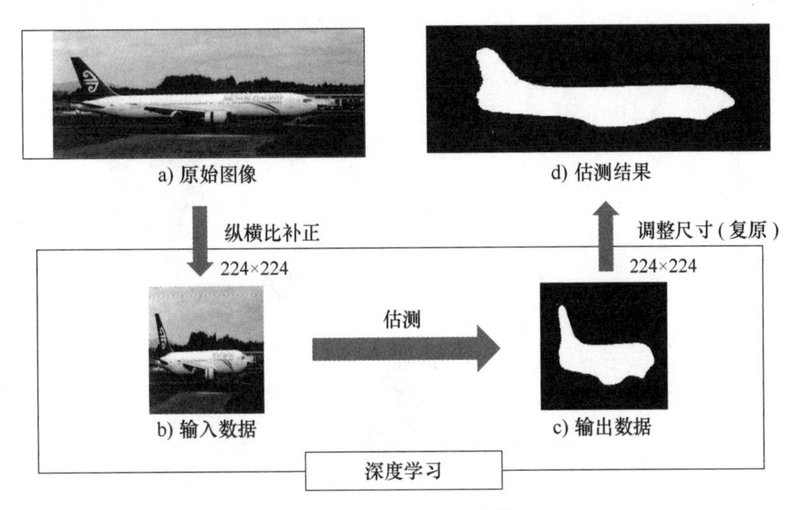

图 5.8 估测目标形状

基于U形网络，通过降低中间卷积层的像素来实现原始数据的抽象化。图5.10为调用的23层U形网络整体图。通过降低池化层中的像素，提升上采样层像素的方法来调整两层图像至相同尺寸，然后再进合并。

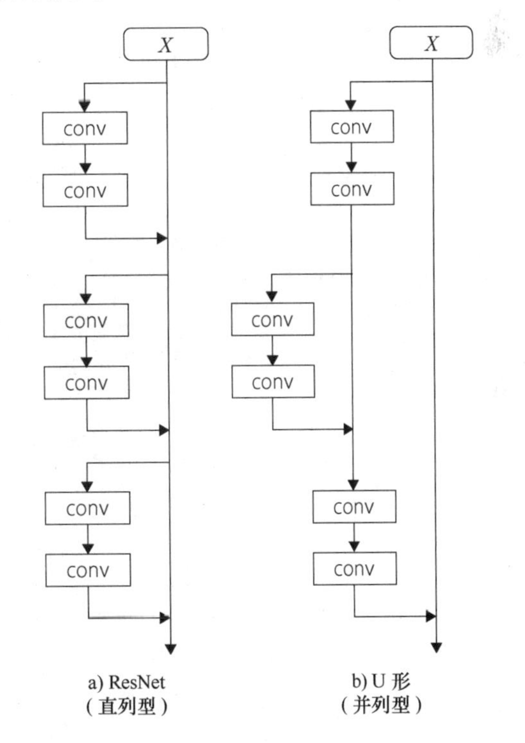

图 5.9 shortcut 结构示例（同图4.14）

为了能够输出图像，如图5.10所示模型并未使用全连接层，而是在输出层用Sigmoid函数调整输出值。这种不包含全连接层的模型被称作Fully convolutional network。

U-Net[1]是U形网络的一种。U-Net在2015年举办的牙齿X光片中龋齿的检测[2]及细胞运动轨迹追踪[3]等比赛中取得了优异的成绩。

2. 损失函数

因深度学习的输出数据和期望输出均为图像，因此调用Dice系数（Dice coefficient）

[1] Olaf Ronneberger, Philipp Fischer & Thomas Brox, U-Net: Convolutional Networks for Biomedical Image Segmentation, v1, 2015。

[2] Grand Challenge for Computer-Automated Detection of Caries in Bitewing Radiography at ISBI 2015。

[3] Cell Tracking Challenge at ISBI 2015。

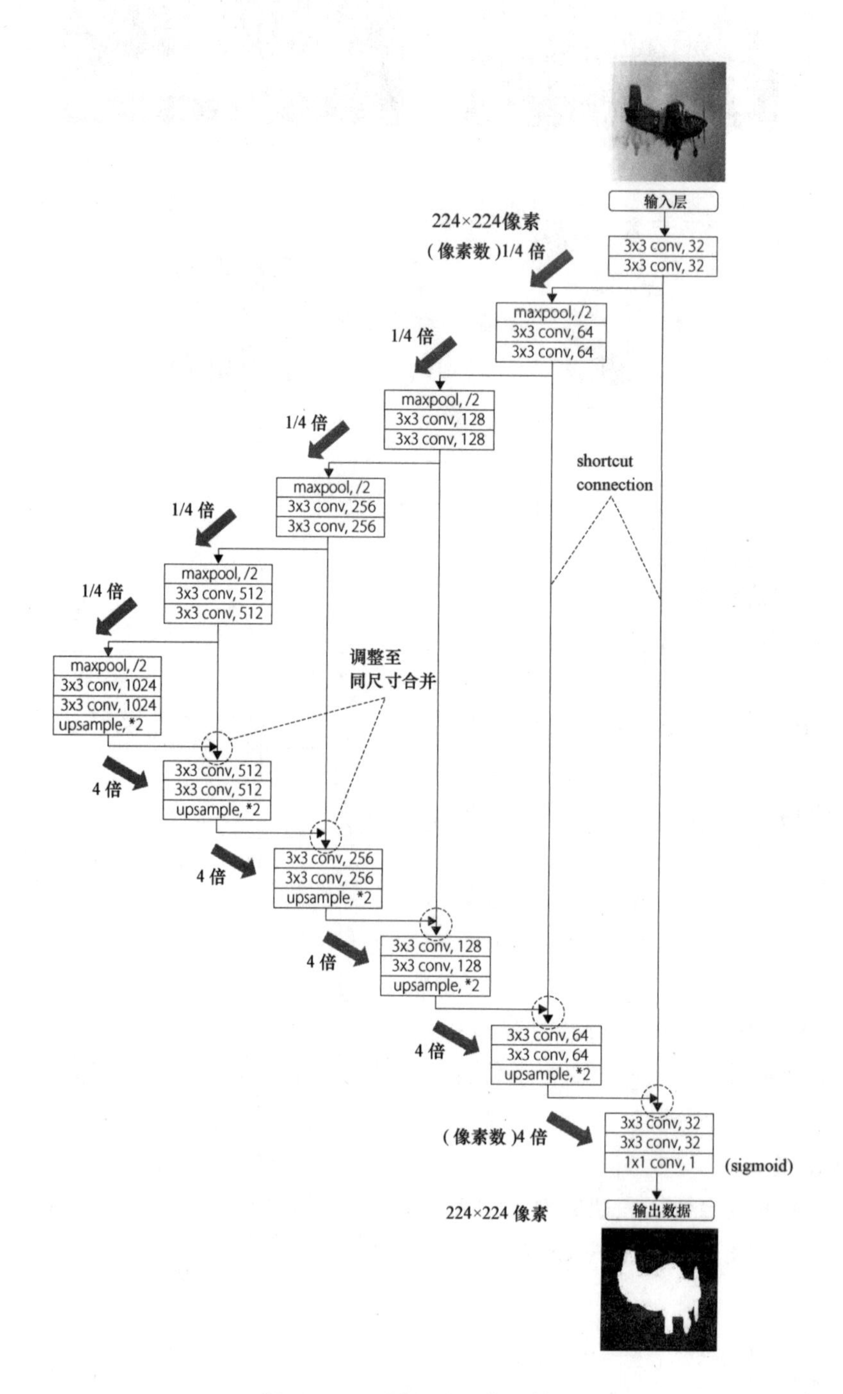

图 5.10　23 层 U 形网络整体图

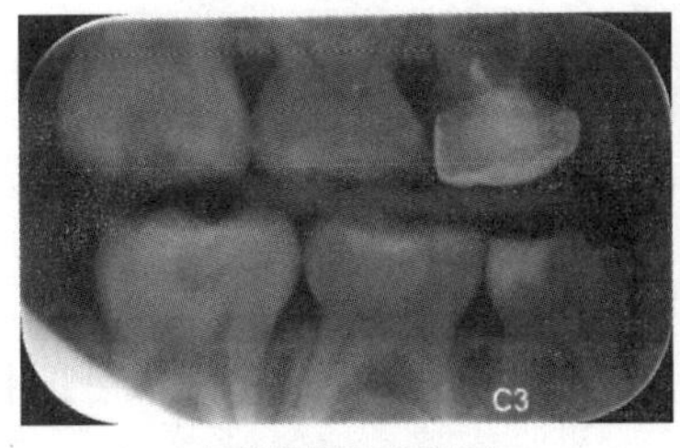

a) 原始数据(X光图片)

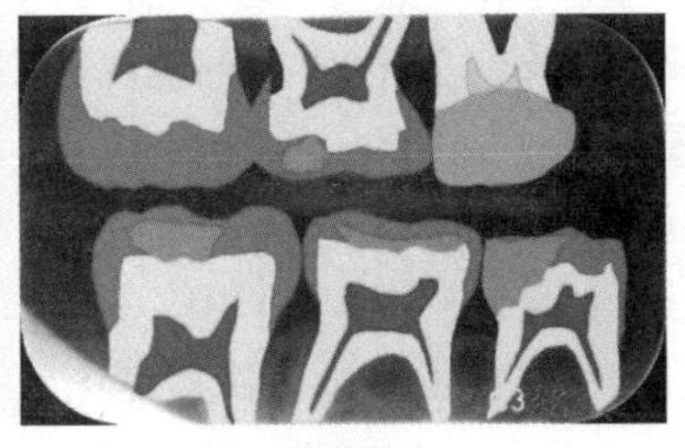

b) 期望输出

图5.11 从X光照片中估测龋齿（引自台湾科技大学主页）

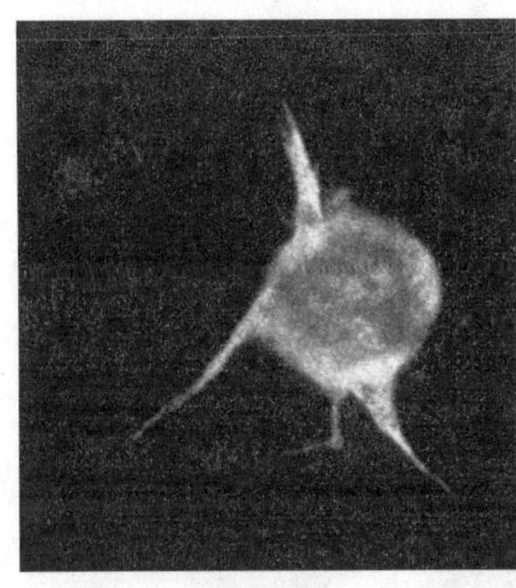

a) 神经细胞

b) 追踪图像

图5.12 细胞动态追踪（“Cell Tracking Challenge” Organizer：引自 Carlos Ortiz 的主页）

作为损失函数。Dice 系数是计算 X、Y 两个集合相似性的指标，可以按照下列算式来计算。若两个集合完全一致，系数为1，若完全相反则为0。

$$\text{Dice 系数} = \frac{2 \times |X \cap Y|}{|X| + |Y|}$$

3. 权值更新

使用 Adam 更新权值。

5.2.3 程序概要

我们将使用到下述5个程序。程序均解压并保存在 ~/projects/5-2 路径下。

① copy_imgs. py，使用该程序从 Caltech 101 的 airplanes 类别中提取训练用、验证用以及测试用图像。

② data_augmentation-2. py，扩充数据。

③ image_ext. py，这是 data_augmentation-2. py 的输入程序。

④ fcn. py，基于 Keras 进行训练和估测[1]。运行 1 次 Holdout 验证。

⑤ resize_outputs. py，深度学习的输出数据是 224×224 像素。按照原始图像像素尺寸调整输出数据像素。

1. 制作数据集

运行 copy_imgs. py，从 Caltech 101 的 airplanes 类中分别提取复制训练集用图片（270 张）、验证集用图片（30 张）和测试集用图片（10 张）。图 5. 13 是提取后的目录结构。

```
/home/taro/projects/5-2/data              （像素数）
                            ├ test            10 ┐
                            ├ train          270 ├ 被复制图像
                            ├ valid           30 ┘
                            ├ train_mask     270 ┐
                            └ valid_mask      30 ┘ 期望输出（已解压）
```

图 5. 13　提取复制后的路径结构

使用 300 张图片制作本书用的期望输出[2]。先将原始图像中的飞机区域填充为白色，然后将其制作成与原始图像相同尺寸的 mask 图像（黑白二值图像），并保存为 jpeg 格式（见图 5. 14）。制作好的期望输出解压缩并保存在图 5. 13 所示的 train_mask、valid_mask 路径下。文件名即原始图像名。

a) 原始图像

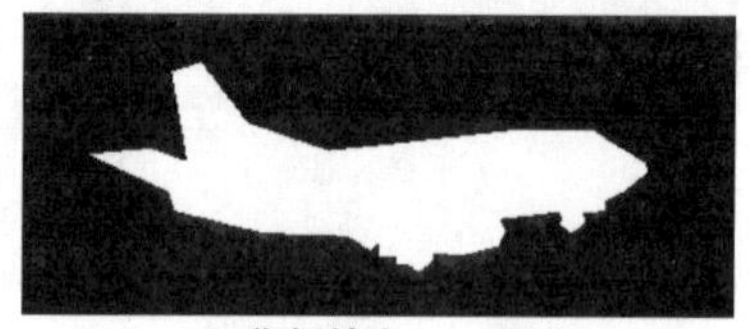

b) 期望输出(mask图像)

图 5. 14　原始图像与期望输出

2. 数据扩充

调用 data_augmentation-2. py 扩充数据。第 4 章只对输入数据进行了数据扩充，本章在对输入数据做数据扩充的同时，也对期望输出进行了数据扩充。程序 5. 4 是数据扩充的参数示例。1 张图片经数次数据扩充处理后，最终像素被调整为 224×224。

程序 5. 4　data_augmentation-2. py（摘录）

```
if __name__ == '__main__':
    # 选项
```

[1] 参考程序 Marko Jocić：Deep Learning Tutorial for Kaggle Ultrasound Nerve Segmentation competition，using Keras。

[2] 期望输出是经图像编辑软件 PhotoShop 制作完成。

```
dname_out_suffix = '-aug'
target_size = (224, 224)      # 调整后的图像尺寸
nb_times = 25                 # 新生成多少张图像
rotation_range = 15           # 旋转角度(-15°~15°)
width_shift_range = 0.15      # 平移比例(-0.15~0.15)
height_shift_range = 0.15     # 垂直移动(-0.15~0.15)
shear_range = 0.35            # 裁剪(-0.35弧度~0.35弧度)
zoom_range = 0.3              # 变焦(0.7~1.3倍)
dim_ordering = 'th'           # th:Theano, tf:TensorFlow
```

数据扩充后的目录结构如图5.15所示。

```
/home/taro/projects/5-2/data                 (像素数)
                         ├ test                  10
                         ├ train                270
                         ├ train-aug          6,750 (270×25)
                         ├ train_mask           270
                         ├ train_mask-aug     6,750 (270×25)
                         ├ valid                 30
                         ├ valid-aug            750 (30×25)
                         ├ valid_mask            30
                         └ valid_mask-aug       750 (30×25)
```

图5.15　数据扩充后的目录结构（带阴影的目录下为数据扩充后生成的数据。）

扩充数据至原始数据的25倍后，训练集样本数等于在扩充后数据的基础上加上初始数据，共6750+270=7020个。同样，验证集样本数也增至750+30=780个。只有测试集数据未被扩充。图5.16是数据扩充前、后的图像样本。

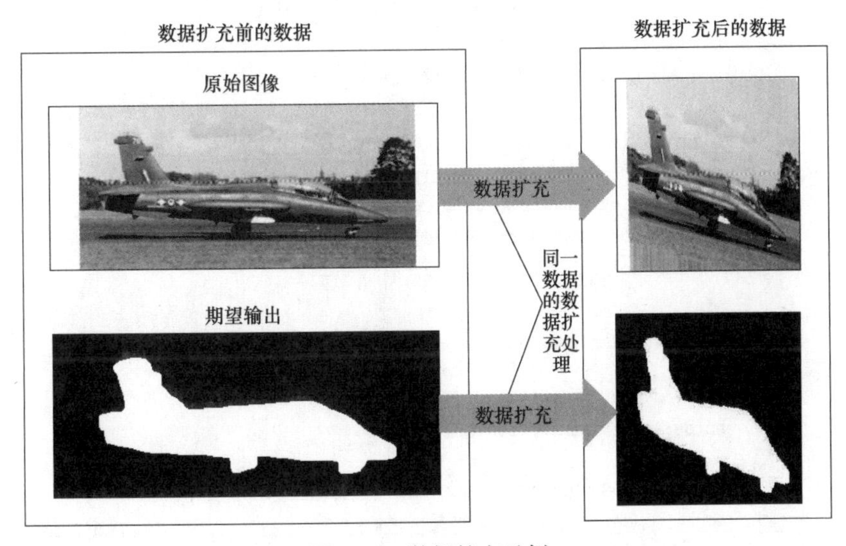

图5.16　数据扩充示例

3. 模型搭建

调用程序 fcn. py，基于 Keras 进行深度学习的训练及估测。按照程序 5.5 搭建出图 5.10 所示 23 层 U 形网络。

程序 5.5 fcn. py（摘录）

```
def create_fcn(input_size):
    inputs = Input((3, input_size[1], input_size[0]))

    conv1 = Convolution2D(32, 3, 3, activation='relu',
        border_mode='same')(inputs)     # ---① 输出conv1
    conv1 = Convolution2D(32, 3, 3, activation='relu',
        border_mode='same')(conv1)      # ---② 输入conv1，重新输出conv1
    pool1 = MaxPooling2D(pool_size=(2, 2))(conv1)

    conv2 = Convolution2D(64, 3, 3, activation='relu',
        border_mode='same')(pool1)
    conv2 = Convolution2D(64, 3, 3, activation='relu',
        border_mode='same')(conv2)
    pool2 = MaxPooling2D(pool_size=(2, 2))(conv2)

    conv3 = Convolution2D(128, 3, 3, activation='relu',
        border_mode='same')(pool2)
    conv3 = Convolution2D(128, 3, 3, activation='relu',
        border_mode='same')(conv3)
    pool3 = MaxPooling2D(pool_size=(2, 2))(conv3)

    conv4 = Convolution2D(256, 3, 3, activation='relu',
        border_mode='same')(pool3)
    conv4 = Convolution2D(256, 3, 3, activation='relu',
        border_mode='same')(conv4)
    pool4 = MaxPooling2D(pool_size=(2, 2))(conv4)

    conv5 = Convolution2D(512, 3, 3, activation='relu',
        border_mode='same')(pool4)
    conv5 = Convolution2D(512, 3, 3, activation='relu',
        border_mode='same')(conv5)
    pool5 = MaxPooling2D(pool_size=(2, 2))(conv5)

    conv6 = Convolution2D(1024, 3, 3, activation='relu',
        border_mode='same')(pool5)
    conv6 = Convolution2D(1024, 3, 3, activation='relu',
        border_mode='same')(conv6)

    up7 = merge([UpSampling2D(size=(2, 2))(conv6), conv5],
        mode='concat', concat_axis=1)     # ---③
```

```
conv7 = Convolution2D(512, 3, 3, activation='relu',
    border_mode='same')(up7)
conv7 = Convolution2D(512, 3, 3, activation='relu',
    border_mode='same')(conv7)

up8 = merge([UpSampling2D(size=(2, 2))(conv7), conv4],
    mode='concat', concat_axis=1)
conv8 = Convolution2D(256, 3, 3, activation='relu',
    border_mode='same')(up8)
conv8 = Convolution2D(256, 3, 3, activation='relu',
    border_mode='same')(conv8)

up9 = merge([UpSampling2D(size=(2, 2))(conv8), conv3],
    mode='concat', concat_axis=1)
conv9 = Convolution2D(128, 3, 3, activation='relu',
    border_mode='same')(up9)
conv9 = Convolution2D(128, 3, 3, activation='relu',
    border_mode='same')(conv9)

up10 = merge([UpSampling2D(size=(2, 2))(conv9), conv2],
    mode='concat', concat_axis=1)
conv10 = Convolution2D(64, 3, 3, activation='relu',
    border_mode='same')(up10)
conv10 = Convolution2D(64, 3, 3, activation='relu',
    border_mode='same')(conv10)

up11 = merge([UpSampling2D(size=(2, 2))(conv10), conv1],
    mode='concat', concat_axis=1)
conv11 = Convolution2D(32, 3, 3, activation='relu',
    border_mode='same')(up11)
conv11 = Convolution2D(32, 3, 3, activation='relu',
    border_mode='same')(conv11)
conv12 = Convolution2D(1, 1, 1, activation='sigmoid')(conv11)
                                                    # ---④
fcn = Model(input=inputs, output=conv12)
return fcn
```

前面都是调用 model. add 函数来搭建网络，这次使用上一层的输出作为下一层的输入值来搭建网络。譬如，在程序 5. 5 中将①的输出对象 conv1 直接作为②中的输入值。

在③中，对 conv6 进行 UpSampling 处理将其像素增加至原始图像的 4 倍后，与 conv5 合并生成对象 up7。由于只有在同等像素的情况下才能进行合并处理，所以此处采用了 UpSampling 操作。

程序 5. 5 中的④是对输出层的处理。调用 Sigmoid 函数，把每个神经元的输出值控制在

0～1 区间内。

4. 权值更新

用 Adam 更新权值。程序 5.6 是 Adam 的使用示例。

程序 5.6　fcn. py（摘录）

```
# 损失函数，定义最优化方法
adam = Adam(lr=1e-5)
model.compile(optimizer=adam, loss=dice_coef_loss,
    metrics=[dice_coef])
(中间过程略)
# 开始训练
print('start training...')
model.fit(X_train, Y_train, batch_size=32, nb_epoch=20, verbose=1,
          shuffle=True, validation_data=(X_valid, Y_valid),
          callbacks=[checkpointer])
```

5. 二值图像的生成和阈值

因为调用了 Sigmoid 函数，所以输出层的各神经元值均在 0～1 的范围内。设定阈值以确保估测输出数据为黑白二值图像。超过阈值的为 1（白），低于阈值的为 0（黑。）在程序 5.7 的①中，根据设置的阈值 0.5 可将图像转换为黑白二值图像。阈值不同，估测结果的区域可能变大。

程序 5.7　fcn. py（摘录）

```
for i, array in enumerate(outputs):
     array = np.where(array > 0.5, 1, 0) # 按照阈值0.5转换二值 ---①
     array = array.astype(np.float32)
     img_out = array_to_img(array)
     fpath_out = os.path.join(dpath_outputs, fnames_xs_test[i])
     img_out.save(fpath_out)
```

6. 复原输出数据尺寸

输出数据的像素为 224×224。调用 resize_outputs. py，将输出数据的像素调整至原始图像的像素。

5.2.4　实操示例

1. 数据集的制作及数据扩充

执行命令 5.7，复制并扩充数据。完成该操作需要数分钟。

命令 5.7

```
$ cd ~/projects/5-2/
$ source activate main
```

```
(main)$ python copy_imgs.py
(main)$ unset THEANO_FLAGS
(main)$ python data_augmentation-2.py
```

2. 训练实操

执行命令5.8开始训练。本次训练共20次epoch。从训练开始到结束约需2.5h。

命令5.8

```
(main)$ export THEANO_FLAGS='mode=FAST_RUN,device=gpu0,floatX=float32, \
optimizer_excluding=conv_dnn'
(main)$ python fcn.py train
```

图5.17是训练实操过程截图。随着训练epoch数的增加，val_dice_coef值不断增大。当训练到18次epoch时，训练集估测值dice_coef值和验证集估测值val_dice_coef值分别为0.9301和0.9183。

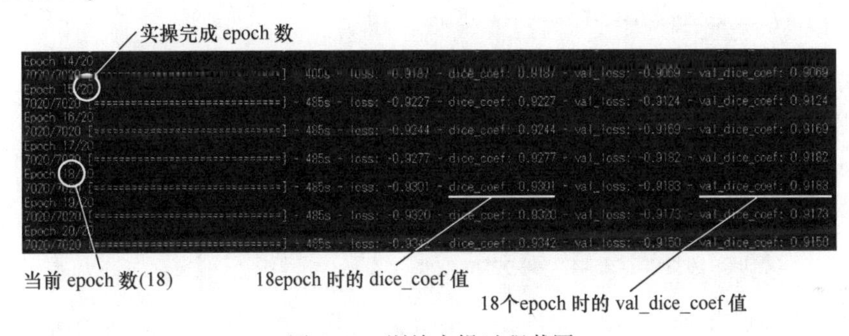

图5.17　训练实操过程截图

图5.18是epoch数、dice_coef和val_dice_coef的推移图。

epoch 数	dice_coef	val_dice_coef
1	0.5744	0.7385
2	0.7874	0.8290
3	0.8307	0.8599
4	0.8529	0.8632
5	0.8682	0.8851
6	0.8787	0.8938
7	0.8869	0.8870
8	0.8931	0.8988
9	0.8993	0.9035
10	0.9033	0.9022
11	0.9086	0.9062
12	0.9113	0.9114
13	0.9161	0.9080
14	0.9187	0.9069
15	0.9227	0.9124
16	0.9244	0.9169
17	0.9277	0.9182
18	0.9301	0.9183
19	0.9320	0.9173
20	0.9342	0.9150

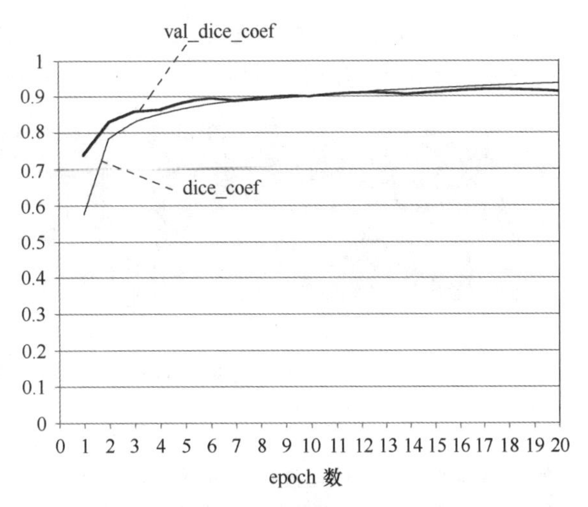

图5.18　dice_coef及val_dice_coef的推移

随着 epoch 数的递增，dice_coef 值不断变大。另一方面，在接近 9 次 epoch 时，val_dice_coef 增长停止。当运行到 18 次 epoch 时，val_dice_coef 值达到最大[⊖]。

3. 估测实践

基于测试集（10 张图片）进行估测。训练实践时，每次 epoch 的模型权值数据都保存在 ~/projects/5-2/checkpoints 路径下。本次将运行 20 次 epoch，最后生成 20 个文件，文件名如下：

- 模型权值数据　model_weights_［epoch 数-1］. h5

在之前的估测实操中均取 epoch 数作参数使用，本次训练将指定权值数据的文件名作参数。本次训练调用了 18 次 epoch 的权值，设置 model_weights_17. h5 文件名为权值数据。执行命令 5. 9 进行估测。

命令 5. 9

```
(main)$ export THEANO_FLAGS='mode=FAST_RUN,device=gpu0, \
floatX=float32, optimizer_excluding=conv_dnn'
(main)$ python fcn.py test --weights \
./checkpoints/model_weights_17.h5
```

输出数据以图像的形式保存在 ~/projects/5-2/outputs 路径下。文件名与输入数据相同。

4. 输出数据尺寸复原及估测结果

调用 resize_outputs. py，调整输出数据尺寸与原始图像相同。执行命令 5. 10。

命令 5. 10

```
(main)$ python resize_outputs.py
```

调整后的图像保存在 ~/projects/5-2/resized 路径下。文件名与原始图像相同。

图 5. 19 和图 5. 20 均为大型喷气式客机和复翼飞机的估测结果。更改阈值后，分别得到 3 种估测结果。

图 5. 19 是最优估测示例，估测结果几乎不受阈值影响。图 5. 20 所示的识别结果低于预期，没能识别复翼飞机上的机翼区域，且受到阈值的影响较大。

a) 原始图像

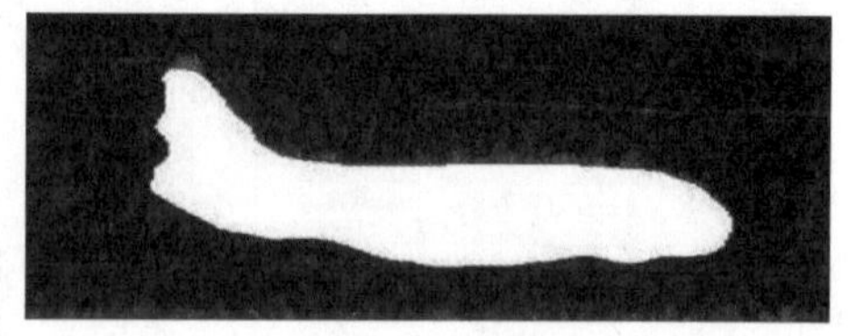

b) 18个epoch，阈值为0.05

图 5. 19　外观估测结果（大型喷气式客机）

⊖ 本次估测在训练了 20 次 epoch 的基础上，也尝试训练了 50 次 epoch。训练50 次 epoch 花费了近 7h。随着 epoch 数的递增，dice_coef 不断增大，而 val_dice_coef 却出现了停滞现象。

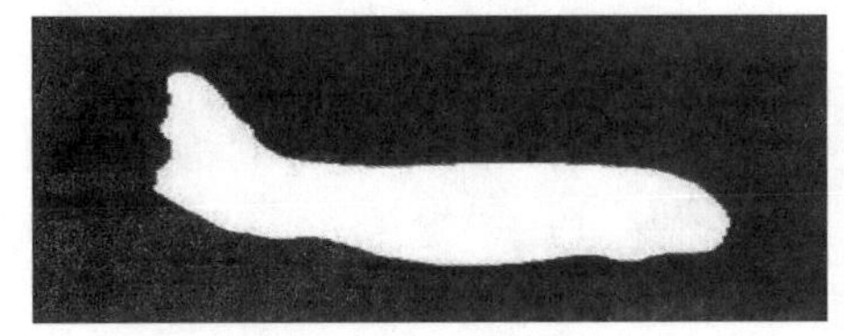

c) 18个epoch，阈值为0.5

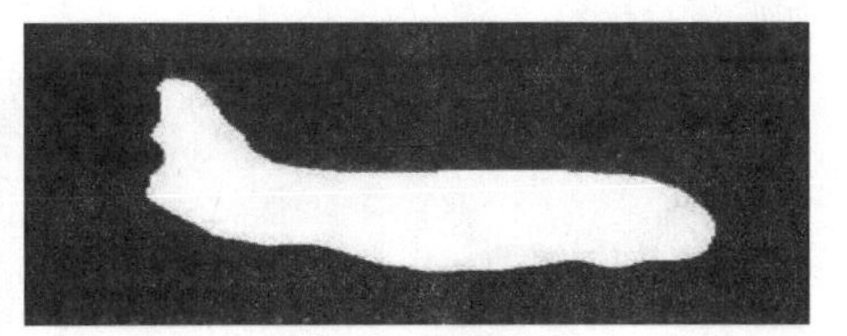

d) 18个epoch，阈值为0.95

图5.19 外观估测结果（大型喷气式客机）（续）

a) 原始图像

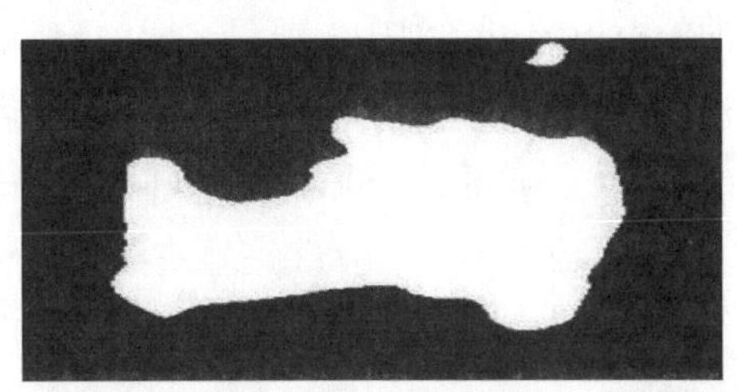

b) 18个epoch，阈值为0.05

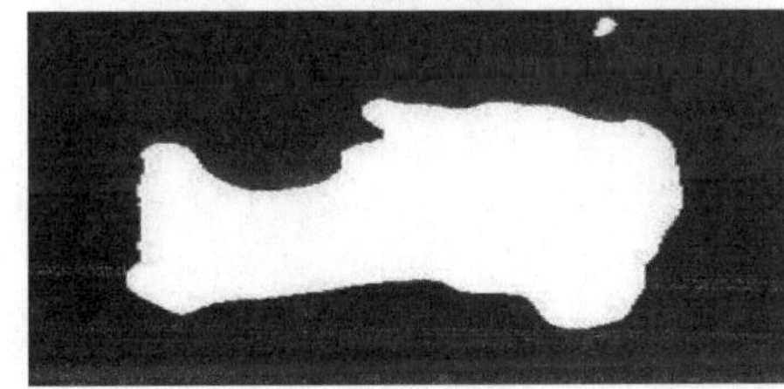

c) 18个epoch，阈值为0.5

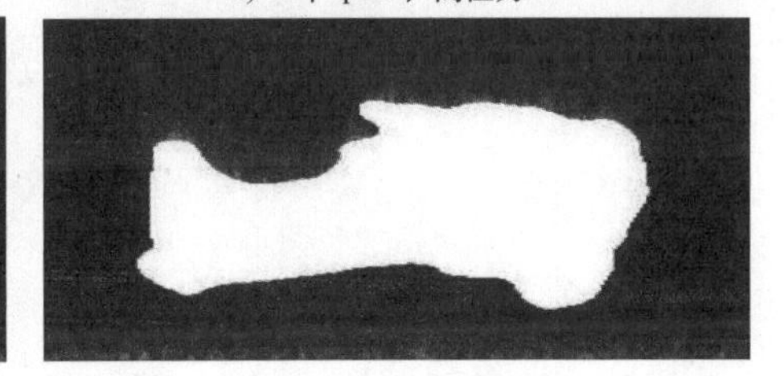

d) 18个epoch，阈值为0.95

图5.20 外观估测结果（复翼飞机）

复翼飞机识别结果低于预期主要是因为训练样本数不足。本次从Caltech 101 airplanes类图像中提取的270个训练集样本中，80%以上都是喷气式客机。只有极少数的复翼飞机样本。若要提高估测精度，必须要增加训练集的图片种类及样本数。

5. epoch数比较

接下来将通过分别调用训练1次epoch、9次epoch和18次epoch时的权值进行估测来找出不同epoch数训练情况的区别。图5.21是使用上述三个epoch数时的估测结果。阈值均为0.5。训练图像来自测试集。

a) 原始图像

b) 1次epoch，阈值为0.5

图5.21 不同epoch数的估测结果

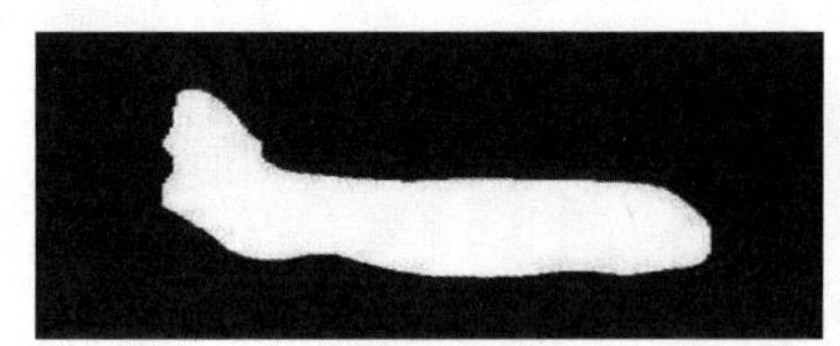

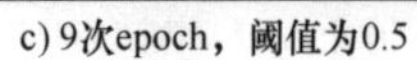

c) 9次epoch，阈值为0.5

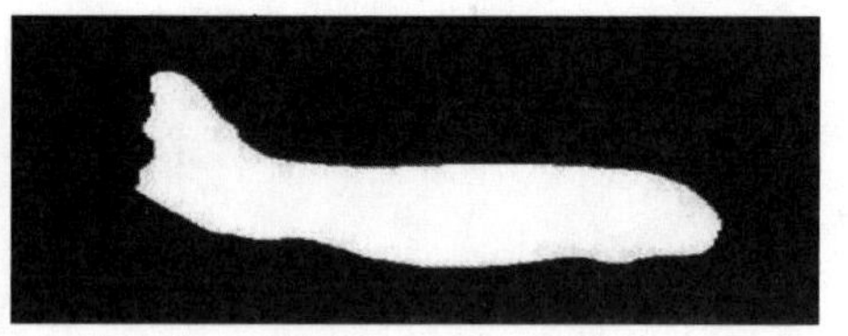

d) 18次epoch，阈值为0.5

图 5.21　不同 epoch 数的估测结果（续）

从图中可以看出，训练 1 次 epoch，已能框定喷气式客机的区域。训练至 9 次 epoch 时，可识别出垂直尾翼，且框定出的白色区域已能辨别飞机外形。究竟取哪次 epoch 数的权值，应参考 val_dice_coef 值，然后根据实际识别结果进行判断。

第 6 章　强化学习——训练擅长井字棋游戏的计算机

本章将通过井字棋（tic-tac-toe）游戏向读者介绍基于深度学习的强化学习法。井字棋也称〇×游戏。Agent 多在游戏开始处于劣势，但经过 6min 左右，胜负可初见端倪。

6.1　强化学习

6.1.1　强化学习概述

2016 年 3 月，运用深度学习技术的 AlphaGo 在对弈中成功击败了韩国顶尖围棋选手。AlphaGo 是英国 Google DeepMind 公司开发的基于强化学习（Reinforcement Learning）的计算机围棋程序。

强化学习是一种以试错方式进行学习，并通过与环境进行交互获得的奖惩，从而指导强化行为的自动学习方法。与监督学习中单个动作（输入数据）对应单个期望输出的情况不同，强化学习是对序列动作的期望输出。基于最后输出的动作序列来评估动作好坏，再对该序列动作进行强化。最后基于的期望输出也称奖励（reward）。

强化学习是心理学领域很早之前倡导的一种学习模式。例如，当老鼠意识到按压杠杆就能获得食饵，便会自主学习按压杠杆这个动作。这种学习方法在心理学上即称为强化学习。

6.1.2　Q 学习

Q 学习（Q-learning）是强化学习算法之一。由于强化学习中未必每个动作都包含对应的期望输出，所以用 Q 值（Q-value）作指标来评估各个动作。Q 学习的目标是通过 Q 值评估并选择下一个动作，然后计算出最佳 Q 值。

图 6.1 是从家至街道和大山的路径图。S_1、S_2 为经由地，S_3 ~ S_6 是目的地。每个目的地都有奖励设定。若目的地为小镇，则到达 S_3 后给予奖励值 1，其他地方的奖励值为 0。奖励范围一般设定在 -1 ~ 1。

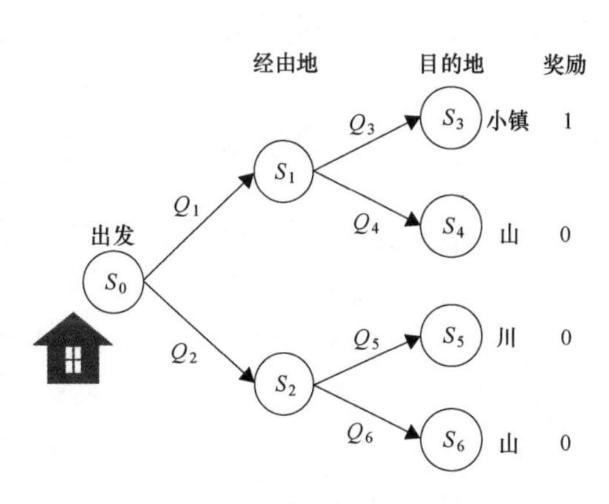

图 6.1　Q 值和奖励

Q 值是选择动作的评估指标，值越大选择该动作的概率越高。在该情况下，通过反复试错收集最大奖励来计算 $Q_1 \sim Q_6$ 的方法即 Q 学习。

在图 6.1 中，只有目的地设置了奖励，经由地均未设置奖励。由于经由地未设置奖励，所以在出发时无法判断 S_1 和 S_2 哪条为最优路径。只有到达目的地后，才可判断出经由 S_1 的路径为最优路径。这一点和围棋、象棋十分相似。下棋的过程中无法判断每一步的好坏，只有在最后取得了胜利，才能看到前序布局的重要性。强化学习的特点就是对复杂动作进行学习。

首先在 Q 学习中设置初始值为 Q 值。然后按照图 6.2 中所示步骤赋予 $Q_1 \sim Q_6$ 初始值。

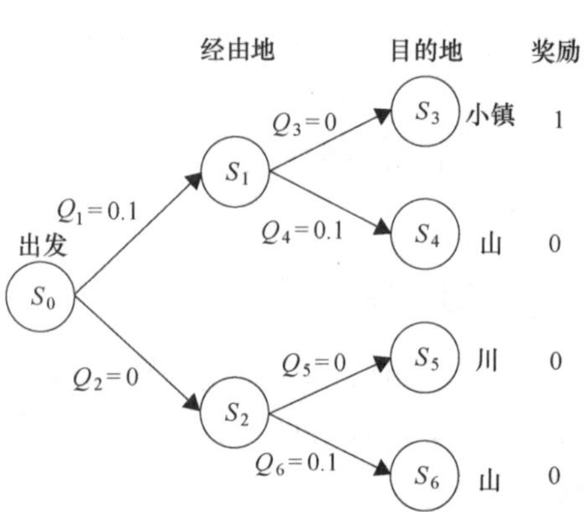

图 6.2 Q 值初始值

由于选择下一个动作时，若只选择 Q 值大的动作，那么路径规划极有可能朝一个方向上收敛。例如在图 6.2 中，出发后往往选择先到达节点 S_1。为避免类似情况的发生，提前在 0 ~ 1 中要设定一个适当的系数 ε[⊖]，获得如下选择动作方法。

1）选择动作时，在 0 ~ 1 区间内生成一个随机数 r。

2）如果 $r<\varepsilon$，随机选择下一个动作；如果 $r \geqslant \varepsilon$，选择 Q 值大的动作。

这种选择动作法即 ε- greedy 法。利用 ε- greedy 法，既可能选择 Q 值大的动作，也可能选择其他动作。

接下来尝试快速更新 Q 值。更新的方法与选择经由地或目的地有关。

1. 出发时选择 S_1

出发时假定选择 S_1。S_1 为经由地。按照下述规则更新 Q_1 值。

【规则 1】 按经由地更新。

在下一次可选择的动作中，在最大 Q 值的基础上加上当前 Q 值。

选择 S_1 后，下一个动作是选择 S_3 还是 S_4 呢？选择 S_3，$Q_3=0$，选择 S_4，$Q_4=0.1$，当前最大 Q 值为 Q_4。于是在当前 Q_1 值的基础上加上 0.1，即 $Q_1=0.1+0.1=0.2$。

2. 选择从状态 S_1 到 S_3

接下来假定选择从状态 S_1 到 S_3。S_3 为目的地，根据下述规则更新 Q_3 值。

【规则 2】 根据目的地更新。

在当前 Q 值基础上加上目的地的设定奖励。

由于 S_3 为下一个选定的目的地，具有奖励设定。所以尽管当前 $Q_3=0$，但若加上到达

⊖ 系数 ε 值会随训练的推进而小幅下降，并造成“随机选择”比例的下降和“选择 Q 值大的动作”比例的缓慢上升。

目的地 S_3 的奖励 1，则 $Q_3=0+1=1$。

该过程中，每个动作的 Q 值更新如图 6.3 所示。

下面再重复一次 1 和 2 的操作。在图 6.3 所示状态下，若出发时选择 S_1，则 $Q_1=0.2+1=1.2$，若接下来选择路径 S_1 到 S_3，则 $Q_3=1+1=2$，那么更新结果如图 6.4 所示。

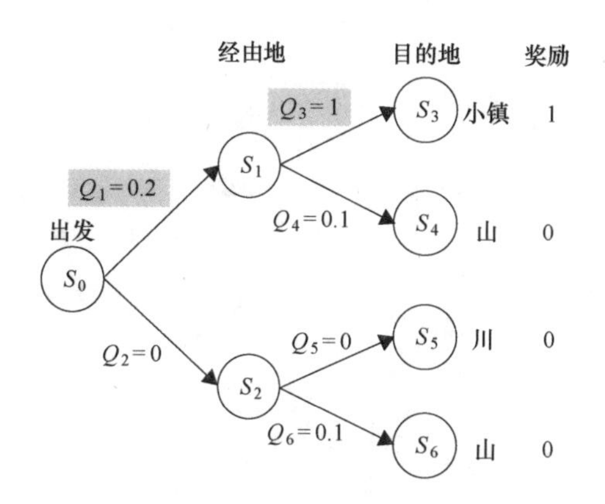

图 6.3　更新后的 Q 值

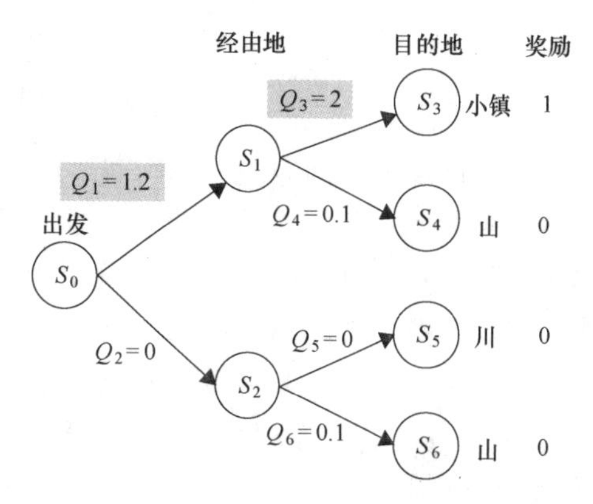

图 6.4　反复再次选择更新 Q 值

在图 6.4 中，因为到达小镇的奖励大，导致去往小镇的路径 Q 值升高。在选择出发方向上，目的地 S_3 的奖励“1”就作为 Q 值把方向拉了过来。若出发时选择经过 S_2，因为设置的奖励为“0”，即便拉过来，Q_2 的值也不会太高。这也就意味着最终收敛得到出发时选择 S_1 为最优路径。Q 学习的策略是反复试错选择行动，即在反复尝试不同路径的过程中，更新 Q 值获得奖励。

图 6.4 所示案例在到达目的地前只需经过 1 个经由地。若到达目的地前需要通过数个经由地，则需重复进行 Q 学习，反复选择同样路径来提高出发地方向选择的奖励。

此次主要根据快速更新规则 1 和规则 2 来更新 Q 值，通常会根据下述算式来进行更新。

按照经由地，有

$$Q(S_t,a_t) \leftarrow Q(S_t,a_t) + \alpha(\gamma \max_{a_{t+1}} Q(S_{t+1},a_{t+1}) - Q(S_t,a_t)) \tag{6.1}$$

按照目的地，有

$$Q(S_t,a_t) \leftarrow Q(S_t,a_t) + \alpha(r_{t+1} - Q(S_t,a_t)) \tag{6.2}$$

式中　S_t——时间点 t 时的状态；

a_t——状态 S_t 下选择的动作；

$Q(S_t,\ a_t)$——状态 S_t 下选择动作 a_t 时的 Q 值；

$\max_{a_{t+1}} Q(S_{t+1},\ a_{t+1})$——下个 S_{t+1} 状态中可选择动作对应的 Q 值最大值

α——学习率（0.1 等值）；

γ——贴现率（0.9 等值）；

r_{t+1}——S_{t+1} 的奖励。

合并式（6.1）和式（6.2），得到如下 Q 值更新的综合算式[⊖]。变量 G 在选择目的地的情况下为1，其余为0。

$$Q(S_t,a_t) \leftarrow Q(S_t,a_t) + \alpha(r_{t+1} + (1-G)\gamma \max_{a_{t+1}} Q(S_{t+1},a_{t+1}) - Q(S_t,a_t)) \quad (6.3)$$

$$= (1-\alpha)\underline{Q(S_t,a_t)} + \alpha\underline{(r_{t+1} + (1-G)\gamma \max_{a_{t+1}} Q(S_{t+1},a_{t+1}))} \quad (6.4)$$

$$= (1-\alpha) \times \underline{\text{当前}Q\text{值}} + \alpha \times \underline{\text{下一个动作的最大}Q\text{值}} \quad (6.5)$$

学习率 α 是“当前 Q 值”和“下一个动作所能得到的最大 Q 值”之和的系数。Q 学习中根据更新后的 Q 值和 ε-greedy 法，选择下一个动作。图 6.5 将“当前 Q 值”和“下一个动作所能得到的最大 Q 值”转化为了图表形式。假设学习率 $\alpha=0.1$，Q_1 值按如下更新得到 0.28（实际取 0.2）。

$$Q_1 \leftarrow (1-\alpha) \times Q_1 + \alpha \times Q_3$$
$$= (1-0.1) \times 0.2 + 0.1 \times 1$$
$$= 0.28$$

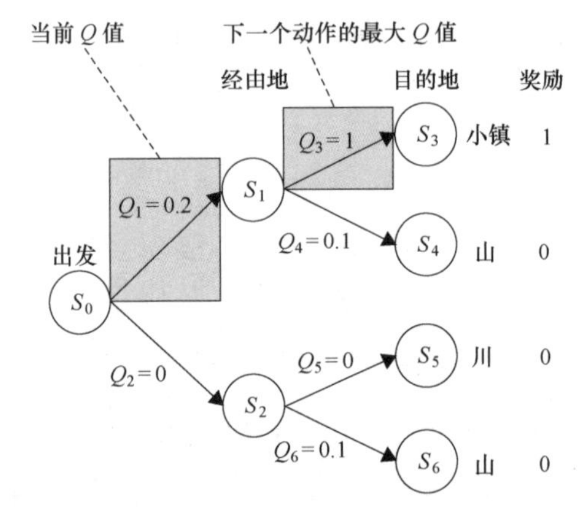

图 6.5　当前 Q 值和下一个动作所能获得的最大 Q 值

6.1.3　DQN

由于图 6.1 中的状态和动作选择模式较少，因此通过反复尝试所有路径模式可计算出 Q 学习中的最佳 Q 值。但若经由地和行动模式数大量增加，则很难通过践行全部模式的方式获取 Q 值。此时则需利用深度学习方法。

图 6.6 是基于深度学习的估测值和期望输出的关系图。在 Q 学习中，通常会调用“当前 Q 值”为变量，然后用“当前 Q 值”和“下一个动作所能获得的最大 Q 值”之和来更新 Q 值。但在运用深度学习方法时，不会调用“当前 Q 值”来更新而是直接进行估测。通过把“期望输出”转化为“下一个动作所能获得的最大 Q 值”来收敛奖励（Q 值）至出发方向。例如在图 6.6 中，基于深度学习 Q_1 的估测值为 0.2，期望输出值为 1，在学习后，Q_1 的估测值由 0.2 上升至 0.5，即形成了“下一个动作所能获得的最大 Q 值”（期望输出）收敛至出发方向的形态。

如上所述，深度学习是利用估测值和期望输出的关系来实现奖励（Q 值）的收敛模式。匹配初始数据与当前“状态”、期望输出与“下一个动作能获得的最大 Q 值”来学习，再利用学习权值估测计算近似的 Q 值。

⊖　有时中途经由地也附带奖励。

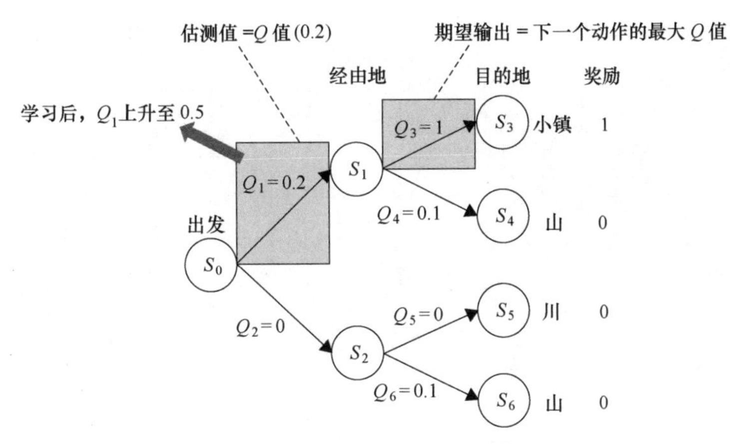

图 6.6　基于深度学习的 Q 学习

虽然无法包括践行 Q 学习中的全部状态和动作，但是可以运用深度学习计算近似 Q 值，估测出获得奖励可能性高的下一个动作。DQN（Deep Q-Network）就是基于 Q 学习和深度学习的模型。

想提高近似 Q 值的估测精度，可通过使用下述方法：

（1）Experience Replay

把从试错中得到的“状态”“动作”和“奖励”等数据的一部分存储在桌面，然后从中随机抽取与批尺寸数量相同的样本，之后再基于深度学习的 mini-batch 进行优化。桌面上的数据迭代更新为每次新试错结果的数据。

（2）Target Network

运用单个深度学习网络同时进行训练和估测，有可能导致估测值分布不均的结果。因此，采用区分训练用和估测用网络，周期性地把训练用网络（Q-Network）的权值反馈到 Q 值估测用网络（Target Network）中。由于训练和估测之间存在时间差，因此近似 Q 值推测得以稳定进行。

6.2　基础框架

6.2.1　环境与 Agent

下面以井字棋游戏为例对基于 Q 学习的强化学习进行介绍。井字棋游戏是一款双人游戏，由两人在 3×3 的棋盘上轮流划“○”或“×”，先把同一记号连成直线者获胜。若棋盘被填满仍未分出胜负，则为平局。

图 6.7 是对井字棋游戏的强化学习整体图。Agent 先手，划“○”，环境后手，划“×”。

训练主体为 Agent。环境接收到 Agent 标注的“○”位置的反馈后判断胜负。若游戏继续，则环境在棋盘上标注新的“×”，并将局势和“○”对应的奖励反馈给 Agent。Agent 的

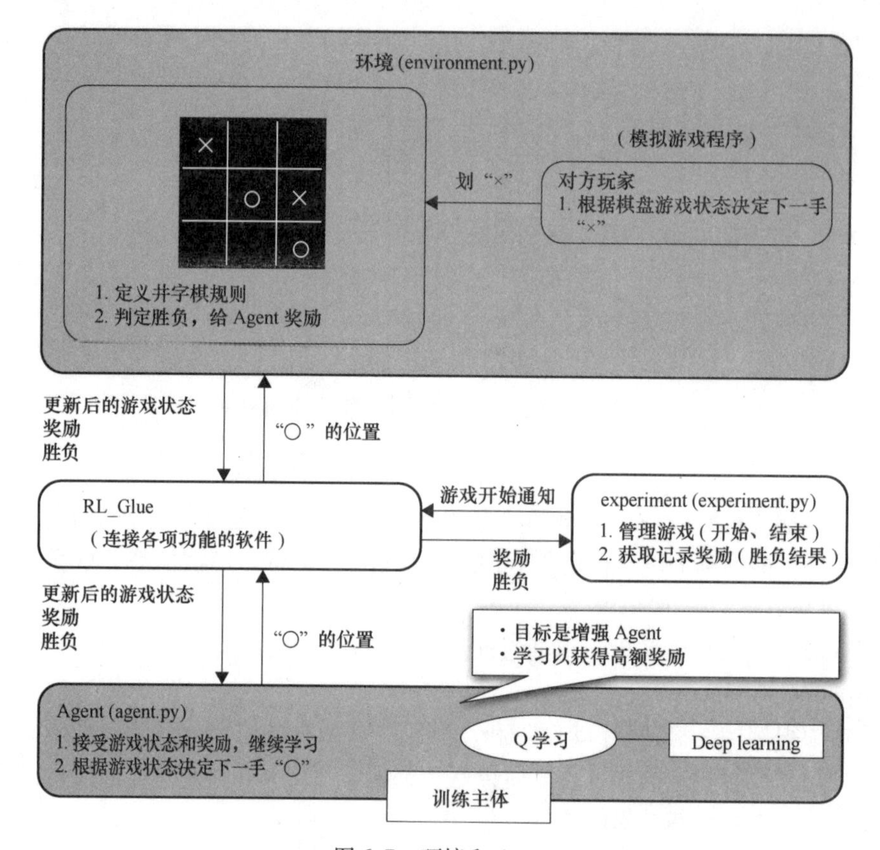

图 6.7　环境和 Agent

目标就是获得高额奖励。训练采用了基于深度学习的 Q 学习法。

环境像是遵循规则移动的箱子，无法自主训练。环境根据规则判定胜负，并在内部的简单模拟游戏程序中划“×”。对于 Agent 而言，环境既是井字棋游戏的对手，同时也扮演了教师的角色，会根据 Agent 划的“○”的位置给予奖励。

上述规则和模拟游戏程序都是“人”赋予环境的程序。一开始，Agent 甚至不知道规则的存在，只能随机划“○”，导致屡战屡败。然而通过偶然获得奖励，一点点推进学习，最后战胜了模拟游戏程序。

如果把快速成长起来的 Agent 与模拟游戏程序位置互换，可能会得到进一步的学习，即等于让高阶的 Agent 进行互搏。AlphaGo 也是通过这样的方法，一步一步进阶成了顶尖的围棋程序。

本书将使用 RL-Glue[⊖]作为连接环境和 Agent 的接口程序。游戏胜负记录及游戏开始通

⊖ RL-Glue 是面向强化学习的跨编程语言的标准接口程序。Brain Tanner and Adam White. RL-Glue: Language-Independent Software for Reinforcement-Learning Experiments. Journal of Machine Learning Research, 10 (Sep): 2133-2136, 2009。

知均由 experiment 负责。将用到如下 3 个程序：

1） agent. py。

负责 Agent 的操作相关事宜。推进训练以达到进行 Q 学习的同时能够选择最优动作。

2） environment. py

负责环境操作相关事宜，具有模拟游戏程序功能。

3） experiment. py

负责游戏开始通知及记录游戏胜负结果。

6.2.2　命令处理概要

图 6.8 是井字棋游戏的命令处理概要。游戏开始后，进入反复“Agent 划‘○’，获取奖励”的操作模式。Agent 划一次“○”为 1 个 step，1 个回合的胜负情况称为 1 episode。

1. 游戏开始命令处理

游戏开始的命令处理流程如下所示：

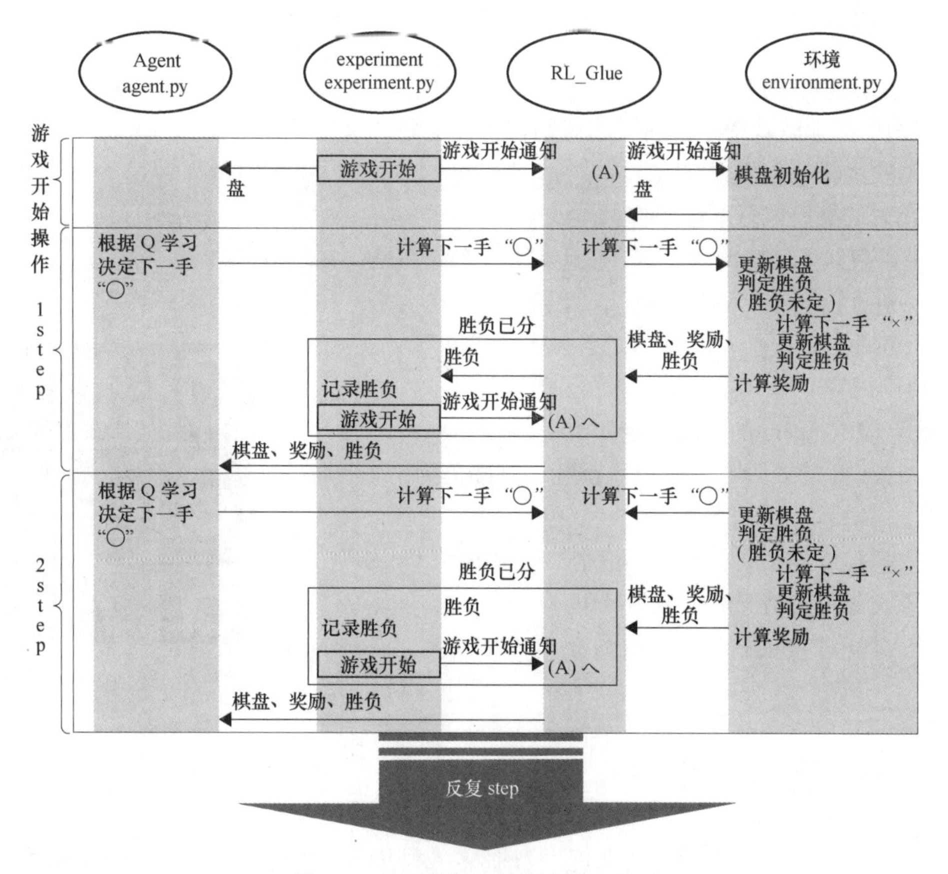

图 6.8　井字棋游戏的命令处理概要

1）experiment 通知环境游戏开始。

2）环境对游戏盘进行初始化，并向 Agent 反馈游戏盘状态。

2. step 操作

1 个 step 的操作如下：

1）Agent 基于从环境中获得的棋盘状态、奖励和胜负进行 Q 学习。胜负未定时，估测并向环境反馈下一手的落子“○”的位置。

2）环境接到“○”位置的反馈，执行下列应对操作。

① 更新棋盘，判定胜负。

若胜负未分，计算下一步“×”的位置，更新棋盘，再尝试判定胜负。

② 计算奖励。

③ 若胜负已分，向 experiment 反馈结果（experiment 记录胜负，并再一次执行游戏开始操作）。

④ 向 Agent 反馈棋盘状态、奖励及胜负结果。

6.2.3　环境内规则

1. 模拟游戏程序操作

环境内的模拟游戏程序根据下述规则在棋盘上划“×”。

1）25% 的概率随机划“×”。

2）75% 的概率执行下述操作：

- 一条直线上已有两个“×”，且剩下一个空白格，在该空白格划“×”。
- 一条直线上已有两个“○”，且剩下一个空白格，在该空白格划“○”。
- 上述两种情况外，随机选择空白格划“×”。

2. 奖励内容

环境反馈给 Agent 的奖励设定如下：

1）Agent 确定“○”落子位后获胜，奖励值为 1，平局为“-0.5”。

2）模拟游戏程序划“×”后获胜，奖励值为“-1”。

3）胜负未定的情况奖励值为“0”。

另外，环境内棋盘的位置由数字 0 ~ 8 表示，如图 6.9 所示。

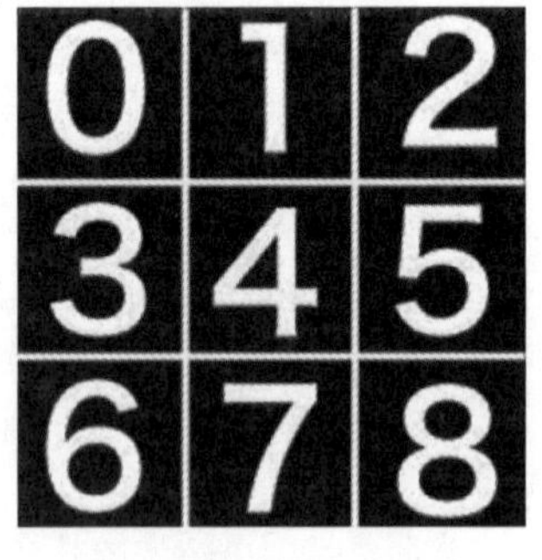

图 6.9　环境内的棋盘显示

6.3　实操环境的安装

使用 Chainer 作为 Q 学习中的深度学习框架。本书使用的是 Chainer v1.16.0 版本。

有关 Chainer 可参考下述网站：

① 官网，http：//docs. chainer. org/en/stable。

② 示例程序：https：//github. com/pfnet/chainer/tree/master/examples

下面介绍 Chainer、RL-Glue 及 Codec[⊖]的安装示例。

1. Chainer 的安装

执行命令 6.1，在 Anaconda 的环境 main 下安装 Chainer。

命令 6.1

```
$ source activate main
(main)$ pip install chainer==1.16.0
(main)$ pip install matplotlib==1.5.3   # 制图表用
```

2. RL-Glue 和 Codec 的安装

在深度学习机的浏览器中打开下述网址：

https://code. google. com/archive/p/rl-glue-ext/downloads

图 6.10 是 RL-Glue 的下载页面。单击“rlglue-3. 04. tar. gz”，下载 rlglue-3. 04. tar. gz。

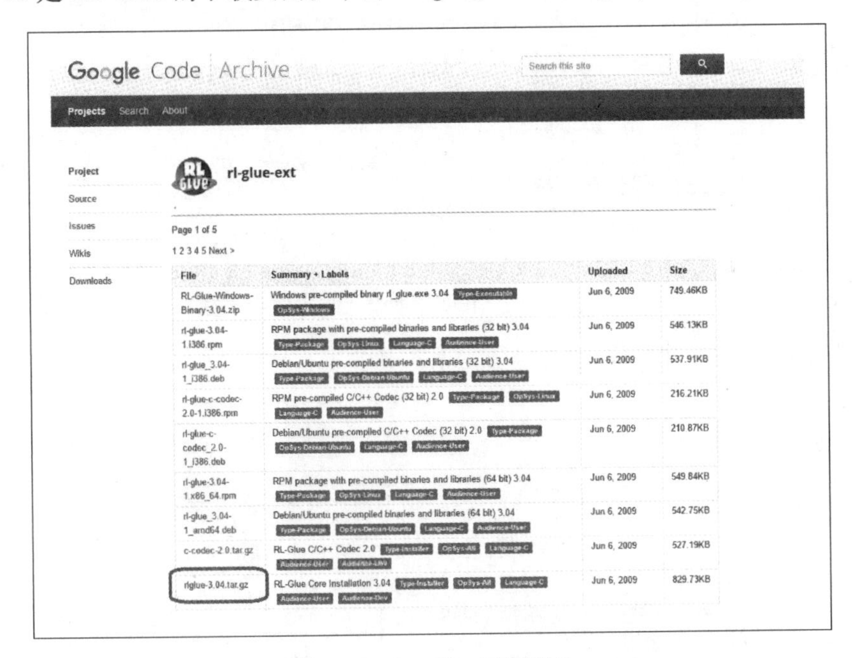

图 6.10　RL-Glue 下载页面

把 rlglue-3. 04. tar. gz 下载到 ~/archives 路径下，然后执行命令 6.2，解压缩、移动并安装该文件。

⊖ Codec 是一款可转换 RL-Glue 至 Python 上使用的软件。

命令 6.2

```
$ cd ~/archives
$ tar zxvf ./rlglue-3.04.tar.gz
$ mv rlglue-3.04 ~/projects/6-3/
$ cd ~/projects/6-3/rlglue-3.04
$ ./configure
$ make
$ sudo make install
```

下面安装 Codec。在深度学习机的浏览器中打开下述网址：

https://code.google.com/archive/p/rl-glue-ext/downloads? page=2

图 6.11 是 Codec 的下载页面。单击“python-codec-2.02.tar.gz”，下载 python-codec-2.02.tar.gz[⊖]。

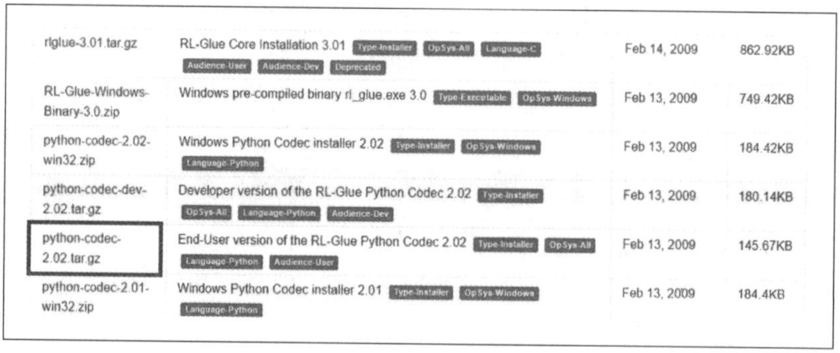

rlglue-3.01.tar.gz	RL-Glue Core Installation 3.01 Type-Installer OpSys-All Language-C Audience-User Audience-Dev Deprecated	Feb 14, 2009	862.92KB
RL-Glue-Windows-Binary-3.0.zip	Windows pre-compiled binary rl_glue.exe 3.0 Type-Executable OpSys-Windows	Feb 13, 2009	749.42KB
python-codec-2.02-win32.zip	Windows Python Codec installer 2.02 Type-Installer OpSys-Windows Language-Python	Feb 13, 2009	184.42KB
python-codec-dev-2.02.tar.gz	Developer version of the RL-Glue Python Codec 2.02 Type-Installer OpSys-All Language-Python Audience-Dev	Feb 13, 2009	180.14KB
python-codec-2.02.tar.gz	End-User version of the RL-Glue Python Codec 2.02 Type-Installer OpSys-All Language-Python Audience-User	Feb 13, 2009	145.67KB
python-codec-2.01-win32.zip	Windows Python Codec installer 2.01 Type-Installer OpSys-Windows Language-Python	Feb 13, 2009	184.4KB

图 6.11　Python Codec 下载页面

下载 python_codec_2.02.tar.gz 至 ~/archives 路径下，然后执行命令 6.3，解压缩、移动并安装该文件。

命令 6.3

```
$ cd ~/archives
$ tar zxvf ./python-codec-2.02.tar.gz
$ mv python-codec ~/projects/6-3/
$ cd ~/projects/6-3/python-codec/src
$ source activate main
(main)$ python setup.py install
```

⊖ URL 中的“page=2”代表第二页。若第二页中没有，可查找其他页面。
若无法下载，可直接登录下述网址下载：https://storage.googleapis.com/google-code-archive-downloads/v2/code.google.com/rl-glue-ext/python-codec-2.02.tar.gz。

6.4 Q学习与深度学习

下面我们要基于深度学习计算近似 Q 值。图6.12是深度学习的网络结构。设置输入层神经元数为54，调用3层的全连接神经网络。从输出层的9个神经元输出0～8的棋盘方格（动作）Q 值。

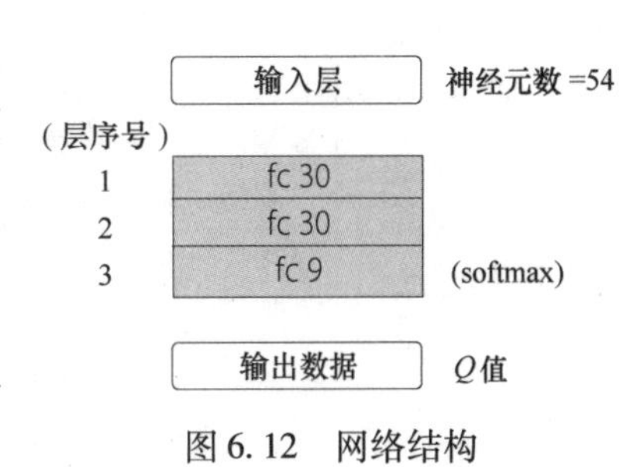

图6.12 网络结构

图6.13是棋盘状态与输入层神经元的关系图。图6.13所示棋盘状态为，Agent先手划“○”，环境后手划“×”。

棋盘上的单个方格值由2个神经元表示。划“○”则右边的神经元获值“1”，划“×”则左边的神经元获值“1”。空格则左右两边神经元值均为“0”。因此为区别表示“○”和“×”，且同时反馈一局棋的状态，需要9×2个=18个神经元。由于输入层要储存前两局的状态，因此输入层神经元总数为18个×3=54个。3局棋的状态均为划“×”后的状态。

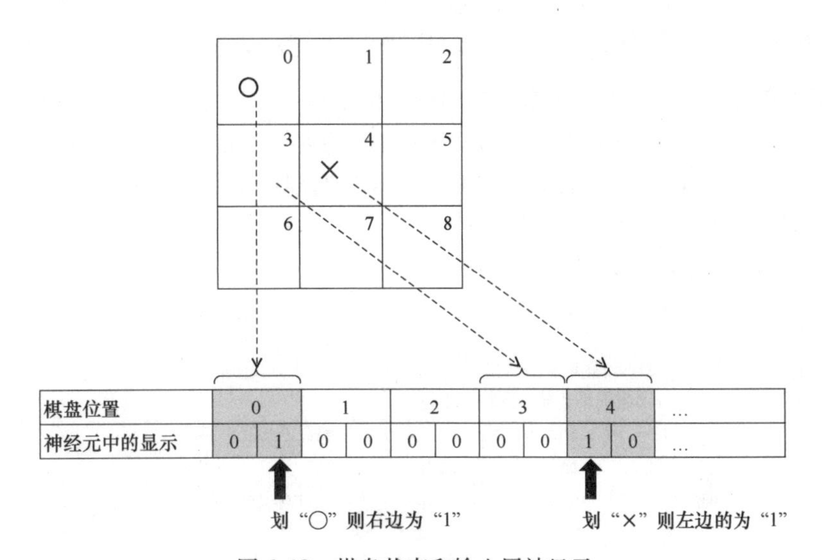

图6.13 棋盘状态和输入层神经元

调用Experience Replay作为训练配套的输入层数据。以表6.1中数据为1组，在桌面上存储10000组记录，并从中随机抽取32组（批尺寸数量）进行训练。当桌面存储到5000组记录时开始训练。存储的10000组记录随时更新，更新后的数据覆盖旧数据。

配合训练用的期望输出通过计算“下一个动作的最大 Q 值”进行匹配。根据式（6.6）生成期望输出。

表 6.1　桌面存储数据

Agent 状态	桌面存储的 1 组记录数据	补　充
划“○”的状态	划“○”前的棋盘状态（54 个神经元）	作为学习时的输入层数据使用
	划“○”的位置	反馈给环境
从环境获取信息的状态	划“○”后的棋盘状态（已记录“×”。54 个神经元）	用来估测“下个行动的最大 Q 值”
	奖励（胜为 1，平局为 -0.5，负为 -1，继续为 0）	
	本轮的输赢	

$$\begin{aligned}\text{期望输出} &= \text{下个动作的最大 } Q \text{ 值} \\ &= r_{t+1} + (1-G)\ \gamma \max_{a_{t+1}} Q(S_{t+1},\ a_{t+1})\end{aligned} \tag{6.6}$$

式中　r_{t+1}——S_{t+1}的奖励；

G——输赢（输赢已分的情况下为 1，其余为 0）；

γ——贴现率；

$\max\limits_{a_{t+1}} Q(S_{t+1},\ a_{t+1})$——下个状态 S_{t+1} 中所能选择的动作对应的最大 Q 值。

程序 6.1 是部深度学习训练 Q 值的部分摘录程序。

在程序 6.1 的①中设置输入层初始值，从②开始计算$\max\limits_{a_{t+1}} Q(S_{t+1},\ a_{t+1})$值，③中的计算将成为期望输出的数值，④中调用实际训练用函数。

调用程序 6.2 中所示 class QNet 作为程序 6.1④的训练用损失函数。在程序 6.2①中，用程序 6.1③的期望输出替换预估的 9 个 Q 值中将成为期望输出的神经元（动作）的 Q 值，生成最终的 9 组期望输出。

程序 6.1　agent. py（摘录）

```
# 训练main操作
def replay_experience(self):
    # 从10000组记录数据中抽取32组记录
    indices = np.random.randint(0, len(self.replay_mem),
                  self.batch_size)
    samples = np.asarray(self.replay_mem)[indices]

    s, a, r, s2, t = [], [], [], [], []

    for sample in samples:
        s.append(sample[0]) # 划○前 棋盘状态
        a.append(sample[1]) # 划○的位置
        r.append(sample[2]) # 奖励
        s2.append(sample[3])# 划○的结果 棋盘状态
        t.append(sample[4]) # 是否胜负已定
```

```
s = np.asarray(s).astype(np.float32) #输入层值 ---①
a = np.asarray(a).astype(np.int32)

r = np.asarray(r).astype(np.float32)
s2 = np.asarray(s2).astype(np.float32)
t = np.asarray(t).astype(np.float32)

# 从划○后的棋盘估测下一个action
# (估测一手前的Q值) --- ②
s2 = chainer.Variable(self.xp.asarray(s2))
Q = self.targetQ.value(s2)
Q_data = Q.data

if type(Q_data).__module__ == np.__name__:
    max_Q_data = np.max(Q_data, axis=1)
else:
    max_Q_data =
      np.max(self.xp.asnumpy(Q_data).astype(np.float32), axis=D

# 根据奖励生成期望输出 (gamma = 0.99)
# 胜负已定的情况 t=1
target = r + (1 - t)*self.gamma*max_Q_data  # ---③

# 根据棋盘状态、划○的位置、期望输出进行训练
self.optimizer.update(self.Q, s, a, target) # ---④
```

程序 6.2　agent.py（摘录）

```
class QNet(chainer.Chain):

    # callback函数(损失计算)
    def __call__(self, s_data, a_data, y_data):
        self.loss = None

        # 根据棋盘状态估测划○位置
        s = chainer.Variable(self.xp.asarray(s_data))
        Q = self.value(s)

        Q_data = copy.deepcopy(Q.data)

        if type(Q_data).__module__ != np.__name__:
            Q_data = self.xp.asnumpy(Q_data)

        # 用期望输出替换与Q值"划○位置"相关部分---①

        t_data = copy.deepcopy(Q_data)
```

```
        for i in range(len(y_data)):
            t_data[i, a_data[i]] = y_data[i]

        t = chainer.Variable(self.xp.asarray(t_data))

        # 计算损失
        self.loss = F.mean_squared_error(Q, t)
```

程序6.3是基于ε-greedy法选择动作的程序示例。若随机变量小于ε值，则随机选择动作。ε值越小，则不再随机选择动作，而是选择高Q值的动作。

程序6.3　agent.py（摘录）

```
# ε-greedy法
        # Follow the epsilon greedy strategy
        if np.random.rand() < self.eps: #若随机变量小于ε值，随机选择
            int_action = free[np.random.randint(len(free))]
        else: #选择Q值高的动作
            Qdata = Q.data[0]

            if type(Qdata).__module__ != np.__name__:
                Qdata = self.xp.asnumpy(Qdata)

            for i in np.argsort(-Qdata):
                if i in free:
                    int_action = i
                    break

        return int_action
```

设置ε值初始值为1.0，且约定ε值在5000个step后开始衰减，直到运行10000个step时下降至0.001。

程序6.4是从Q-Network向Target Network复制网络的程序示例。设置变量update_freq = 10000，每10000个step从Q-Network向Target Network复制网络。

程序6.4　agent.py（摘录）

```
# 向Target Network复制
def update_targetQ(self):
     if self.step_counter % self.update_freq == 0:
         self.targetQ = copy.deepcopy(self.Q)
```

若程序agent.py中出现连续200个episode仍胜负未分的情况，则停止学习（停止Q-Network学习）。

6.5 实操示例

接下来尝试进入井字棋游戏实战。本节将使用被解压缩并保存在 ~/projects/6-5 路径下的下述 3 个程序：

1） agent. py。

2） environment. py。

3） experiment. py。

由于尝试井字棋游戏实操需同时运行 4 个程序，所以请打开深度学习机终端设备。

1） RL_glue。

2） environment. py （环境）。

3） agent. py （Agent）。

4） experiment. py （experiment）。

如图 6. 14 所示打开终端后，按照顺序在对应的终端上执行命令 6. 4 ~ 命令 6. 7。完成 50000 个 episode 大约需要 12min。

命令 6. 4　终端 1 （RL- Glue）

```
$ source activate main
(main)$ export LD_LIBRARY_PATH=/usr/local/lib:$LD_LIBRARY_PATH
(main)$ rl_glue
```

命令 6. 5　终端 2 （环境）

```
$ source activate main
(main)$ cd ~/projects/6-5
(main)$ python environment.py
```

命令 6. 6　终端 3 （Agent）

```
$ source activate main
(main)$ cd ~/projects/6-5
(main)$ python agent.py --gpu 0
```

命令 6. 7　终端 4 （experiment）

```
$ source activate main
(main)$ cd ~/projects/6-5
(main)$ python experiment.py
```

图 6. 14　井字棋游戏实操截图

运行 4 个程序后，开始进入井字棋游戏。在运行 experiment 的“终端 4”上将显示 Agent 的游戏结果。观察后可发现，最初只有两种比赛结果，即 Draw（平局）和 Lose（负）。之后 Win（胜）和 Draw 的比例会渐渐增加，相应 Lose 越来越少。

图 6. 15 是 Agent 获得 Win 和 Draw 的比例推移图。本轮共进行了 50000 局井字棋，约在 15000 局（约 6min）后，败率下降至 3% 以下。

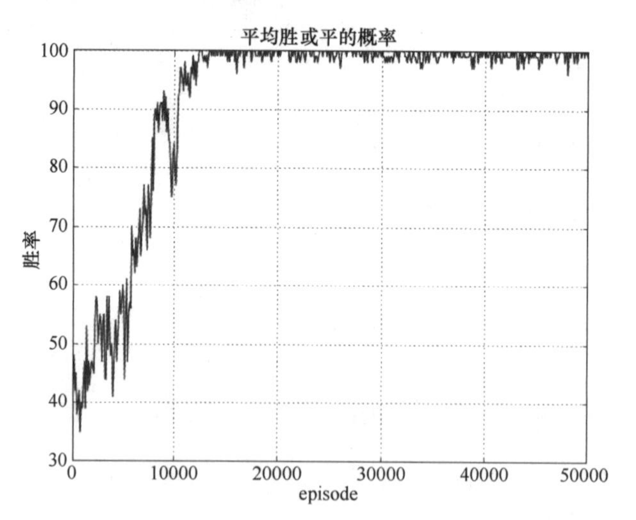

图 6. 15　Agent 胜率推移

实操结束后，~/projects/6-5 路径下将生成下述 3 类文件：

1） percentages. png。

每 100 episode 的 Agent 胜率比例推移（Win 和 Draw）的图表化数据。

2）history. txt。

记录 Agent 输棋局的每一轮棋盘状态（见图 6. 16）。空格为 0，划“○”的位置为 1，划“×”的位置为 2。

3）result. txt。

用 text 形式记录 percentages. png 图表形式中的 Win、Draw 和 Lose 次数。

通过 history. txt 可以发现，训练初期，第一手“○”均出现在棋盘右下部或上半部，落子地点的选择很随机。随着训练进展，在文件的后半部分中，第一手“○”基本都落在了棋盘中央的位置。这代表在短时间的试错中 Agent 学习认识到第一手下在棋盘中央具有优势。

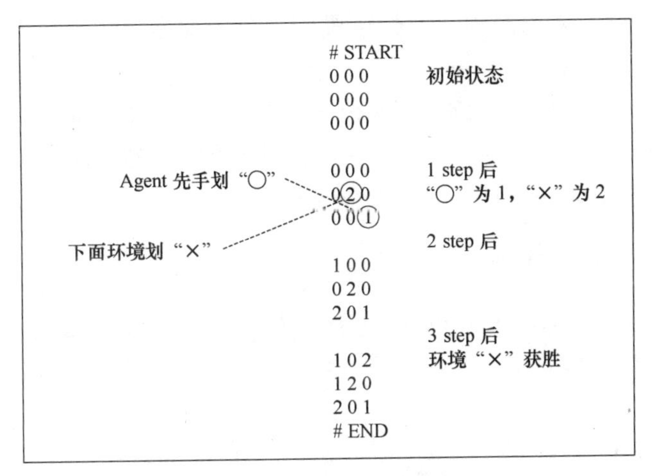

图 6. 16　history. txt 的内容

附　　录

附录 A　Yolo 用“目标位置信息”的生成方法

Yolo 在训练实操中，会读取“目标位置信息”并在内部自动生成期望输出。下面将对 5.1 节“目标位置检测”中用到的“目标位置信息”的检测方法进行说明。要生成“目标位置信息”，需要一台安装了 Ubuntu Desktop 的深度学习机。

其实 Windows PC 也可检测生成“目标位置信息”。首先在 Windows PC 上安装 2.7 版本的 Python，然后执行 pip 命令安装 pillow 库。路径设置及图像数据配置请参考本书调整为方便 Windows PC 用数据。BBox-Label-Tool 最好直接在 C 盘下解压缩。

A.1　安装 BBox-Label-Tool

BBox-Label-Tool 是一种基于 Python 在图像中标记图像边界框的工具。执行命令 A.1，在 GitHub 网页上下载 BBox-Label-Tool。删除不需要的样本数据，并生成路径[⊖]。

命令 A.1

```
$ mkdir ~/projects/appendix
$ cd ~/projects/appendix/
$ git clone https://github.com/puzzledqs/BBox-Label-Tool.git
$ cd BBox-Label-Tool
$ rm -rf ./Examples/001 ./Images/001 ./Labels/001
$ mkdir ./Examples/001/ ./Examples/002/ ./Labels/001/ \
./Labels/002/ ./Images/001/ ./Images/002/
```

接着执行命令 A.2，复制训练用数据。使用的训练数据包含“airplanes”和“motorbikes”共 160 张图片。

命令 A.2

```
# airplanes 复制训练集80张图片
$ cp ~/data/Caltech-101/train_org/0/0/* ./Images/001/
# airplanes 复制验证集80张图片
```

⊖ 符号 ~ 代表用户“taro”的主路径（/home/taro）。

```
$ cp ~/data/Caltech-101/valid_org/0/0/* ./Images/001/
# motorbikes 复制训练集80张图片
$ cp ~/data/Caltech-101/train_org/0/1/* ./Images/002/
# motorbikes 复制验证集80张图片
$ cp ~/data/Caltech-101/valid_org/0/1/* ./Images/002/
```

由于 BBox-Label-Tool 的运行需要使用 pillow 库，所以需执行命令 A.3，安装 pillow 库[⊖]。

命令 A.3

```
$ source activate main
(main)$ pip install pillow==3.4.1
```

由于 BBox-Label-Tool 处理的都是 jpeg 格式图片，但在初始设置中未指定文件扩展名 .JPEG，所以需要更改文件扩展名为 .jpg。在 BBox-Label-Tool 的子程序 main.py 中，将第 134 行和 152 行代码中的“JPEG”改为“jpg”。

- 调试对象程序

~/projects/appendix/BBox-Label-Tool/main.py

A.2　生成“目标位置信息”

1. 启动 BBox-Label-Tool

执行命令 A.4 启动 BBox-Label-Tool。操作画面如图 A.1 所示。

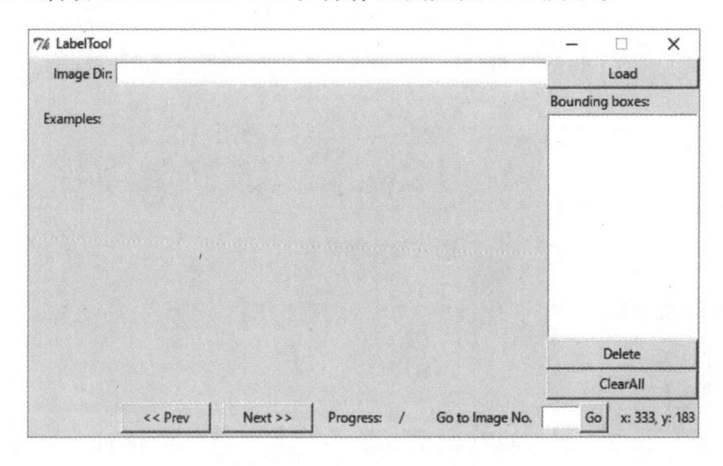

图 A.1　BBox-Label-Tool 操作界面

[⊖] 由于 scikit-image 中已包含 pillow 库，若在 4.2 节“公共数据制作”中已安装 scikit-image，则不需执行命令 A.3。在 Anaconda 的环境 main 上运行。有关 Anaconda 的安装事宜请参见 1.4 节“软件安装”。

命令 A.4

```
$ cd ~/projects/appendix/BBox-Label-Tool $ source activate main
(main)$ python main.py
```

2. 指定读取路径

读取对象为程序 main. py 启动路径下的 Images 路径。首先指定读取路径为 .“/Images/001”。

在图 A.1 的“Image Dir:”一栏中键入“001”，单击“Load”按钮。界面上将出现从 .“/Images/001”路径中读取的一张图片。

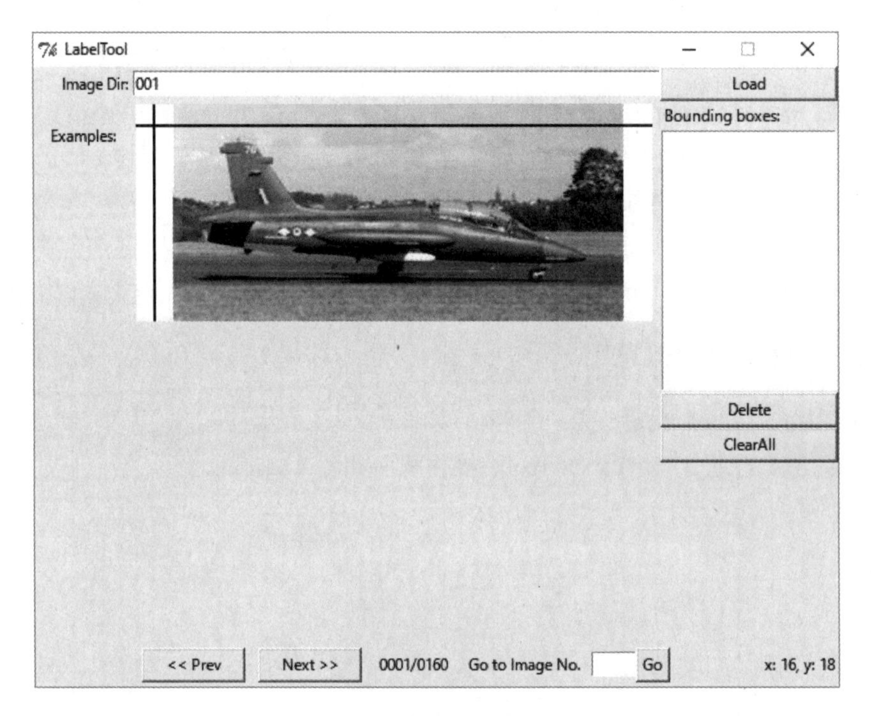

图 A.2　图像显示

3. 标记保存目标坐标

重复下述步骤：

1）标记目标坐标。

单击圈定图像上的目标起始点（画框左上角）和终点（画框右下角）。“Bounding boxes:”栏中将显示圈定位置的鼠标坐标，如图 A.3 所示。

2）保存坐标数据。

单击“Next >>”键，提取 .“/Images/001”路径下的下一张图像。同时前张图像的坐标数据将以图像名称保存（文件扩展名不同），保存路径如下：

~/projects/appendix/BBox-Label-Tool/Labels/001

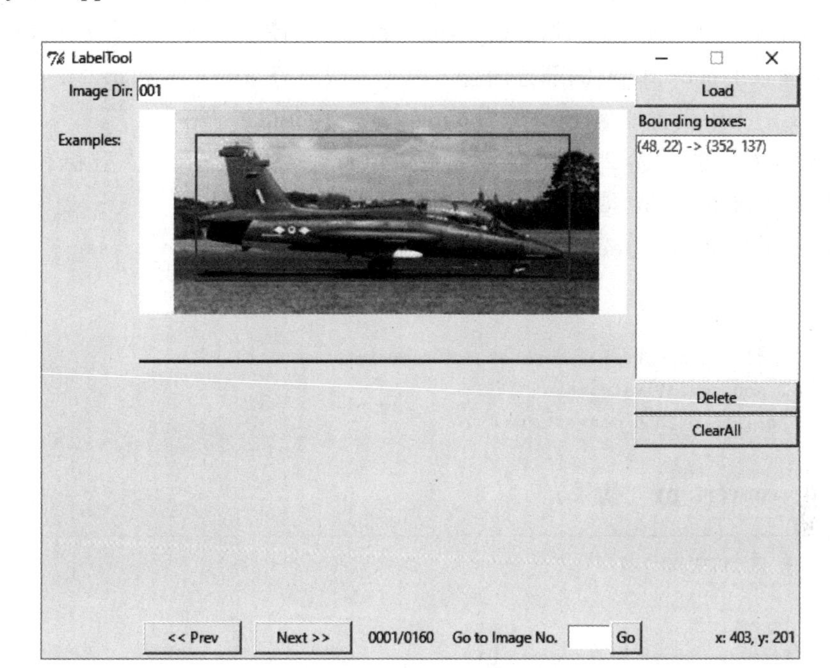

图 A.3　圈定目标坐标

重复上述两个步骤，保存.“/Images/001”路径下所有图像的目标坐标。由于最后一张图像无法单击“Next >>”键，只能通过单击“<< Prev”键保存坐标数据。所以请注意显示图像不变代表未能保存坐标数据。若想读取.“/Images/002”路径下的图像，可在“Image Dir:”栏中键入“002”后单击“Load”键。

最终在下述两个路径中生成160个图像坐标数据txt文件。

~/projects/appendix/BBox-Label-Tool/Labels/001

~/projects/appendix/BBox-Label-Tool/Labels/002

4. 更改坐标数据

首先执行命令A.5，把图像数据及在BBox-Label-Tool中生成的坐标数据复制至更改用路径下。

命令 A.5

```
$ cd ~/projects/appendix/BBox-Label-Tool
$ cp ./Images/001/* ~/projects/5-1/darknet_train/scripts/images/airplanes/
$ cp ./Images/002/* ~/projects/5-1/darknet_train/scripts/images/motorbikes/
$ cp ./Labels/001/* ~/projects/5-1/darknet_train/scripts/labels/airplanes_in/
$ cp ./Labels/002/* ~/projects/5-1/darknet_train/scripts/labels/motorbikes_in/
```

命令 A. 6 中的 convert. py 是 Yolo 子程序中的数据转换工具。使用该程序把 BBox- Label- Tool 中生成的坐标数据转换为 Yolo 用数据格式，生成“目标位置信息”及“图像文件名一览表”。

程序 A. 1 摘录了 convert. py 的部分内容。由于本次只有 airplanes 和 motorbikes 两个类别，所以在 List A. 1 的①中设置变量 classes 为 airplanes、motorbikes。

执行命令 A. 6，在下述 2 个路径下生成对口 Yolo 转换后的“目标位置信息”。[⊖]

~/projects/5-1/darknet_train_scripts/labels/airplanes/

~/projects/5-1/darknet_train_scripts/labels/motorbikes/

命令 A. 6

```
$ cd ~/projects/5-1/darknet_train/scripts
$ source activate main
(main)$ python convert.py
```

程序 A. 1　convert. py（摘录）

```
# -*- coding: utf-8 -*-

import os
from os import walk, getcwd
from PIL import Image

# 此处标记分类类别---①
  classes = ["airplanes","motorbikes"]
```

在每个路径下生成 160 个“目标信息位置”文件，文件名与图像名相同（文件扩展名不同）。同时已使用图像的含路径文件名一览数据将如下所示按类别区分生成：

~/projects/5-1/darknet_train/scripts/airplanes_list. txt

~/projects/5-1/darknet_train/scripts/motorbikes_list. txt

执行命令 A. 7 将上述 2 个数据文件合并为 1 个文件，即代表已生成 Yolo 用“目标位置信息”。

命令 A. 7

```
$ cd ~/projects/5-1/darknet_train/scripts
$ cat ./*_list.txt > train.txt
```

Yolo 学习必须得到下述 2 类数据的支持：

1）“目标位置信息”数据（下述 2 个路径内的 txt 文件）。

⊖ 由于 5. 1 节中已解压缩了 darknet_train. tar. gz，因此该路径下已有“目标位置信息”，请注意文件的覆盖。

~/projects/5-1/darknet_train/scripts/labels/airplanes/

~/projects/5-1/darknet_train/scripts/labels/motorbikes/

2）图像含文件路径的文件名一览数据。

~/projects/5-1/darknet_train/scripts/train. txt

附录 B　源程序代码

第 4 章

migration_data_caltech101. py（程序 4. 1）

```
# -*- coding: utf-8 -*-

import os, glob, shutil
import numpy as np

np.random.seed(2016)

# 原始数据 root_path
r_path = '../../data/101_ObjectCategories'

# 数据配置用 root_path
o_path = '../../data/Caltech-101'

# 读取数据
path = '%s/*/*.jpg'%r_path
files = sorted(glob.glob(path))
files = np.array(files)

##############################
## Keras, VGG16, ResNet    ##
##############################

# 使用标签 ---①
use_labels = ['airplanes', 'Motorbikes', 'Faces_easy', 'watch',
  'Leopards', 'bonsai']
labels_count = [0,0,0,0,0,0]
# 指定训练、评价、测试用件数---③
train_nums = [80,80,44,24,20,13]
valid_nums = [80,80,43,24,20,13]
test_nums = [640,638,348,191,160,102]


# 首先分割 train+valid 和 test数据

# 若无路径需制作
for i in range(0, len(use_labels)):
  if not os.path.exists('%s/train_org/%i'%(o_path, i)):
    os.makedirs('%s/train_org/%i'%(o_path, i))
  if not os.path.exists('%s/test/%i'%(o_path, i)):
     os.makedirs('%s/test/%i'%(o_path, i))
 # 重复文件操作
 for fl in files:
   # 提取文件名
   filename = os.path.basename(fl)
   # 提取 父目录=标签
   parent_dir =  os.path.split(os.path.split(fl)[0])[1]
```

```
  if parent_dir in use_labels:

    ind = use_labels.index(parent_dir)

    num = labels_count[ind]
    valid_num = valid_nums[ind]
    test_num = test_nums[ind]

    if num < train_nums[ind] + valid_nums[ind]:
      cp_path = '%s/train_org/%i/'%(o_path, ind)
      shutil.copy(fl, cp_path)
    else:
      cp_path = '%s/test/%i/'%(o_path, ind)
      shutil.copy(fl, cp_path)

    labels_count[ind] += 1

  else:
    # 除本次使用标签，其余均忽略
    continue


# 分割train数据为train, valid。
# 重复ho数分
for ho in range(0,2):

  for ii in range(0, len(use_labels)):

    # 若无路径需制作。
    if not os.path.exists('%s/train/%i/%i'%(o_path, ho, ii)):
      os.makedirs('%s/train/%i/%i'%(o_path, ho, ii))
    if not os.path.exists('%s/valid/%i/%i'%(o_path, ho, ii)):
      os.makedirs('%s/valid/%i/%i'%(o_path, ho, ii))

    # 读取数据
    path = '%s/train_org/%i/*.jpg'%(o_path,ii)
    files = sorted(glob.glob(path))
    files = np.array(files)

    perm = np.random.permutation(len(files))
    random_train = files[perm]

    train_files = random_train[:train_nums[ii]]
    valid_files = random_train[train_nums[ii]:]

    # 配置train数据
    for file in train_files:
      # 提取文件名
      filename = os.path.basename(file)
      # 提取 父目录=标签


  p_dir =  os.path.split(os.path.split(file)[0])[1]

  shutil.copy(file, '%s/train/%i/%i/'%(o_path,ho,int(p_dir)))

# 配置valid数据
for file in valid_files:
  # 提取文件名
  filename = os.path.basename(file)
  # 提取 父目录=标签
  p_dir =  os.path.split(os.path.split(file)[0])[1]

  shutil.copy(file, '%s/valid/%i/%i/'%(o_path,ho,int(p_dir)))
```

```
# 关联路径和标签

# 关联标签 --- ②
str =
  '0:airplanes,1:Motorbikes,2:Faces_easy,3:watch,4:Leopards,5:bonsai'
f = open('%s/label.csv'%o_path, 'w')
f.write(str)
f.close()


##############################
## Yolo  用          ##
##############################

# 数据配置用root_path
yolo_path = '../../data/Yolo'
if not os.path.exists('%s/train/'%yolo_path):
  os.makedirs('%s/train/'%yolo_path)
if not os.path.exists('%s/test/'%yolo_path):
  os.makedirs('%s/test/'%yolo_path)
```

data_augmentation. py（程序 4.2、4.3）

```
# -*- coding: utf-8 -*-
from datetime import datetime
from glob import glob
import os, shutil
import numpy as np
import skimage.io
import skimage.transform
from skimage.transform import AffineTransform, warp
from skimage.transform import resize, SimilarityTransform

# 读取图像
def load(paths_train):
  images = []
  imagenames = []
  labels = []

  for i, path in enumerate(paths_train):
    image = resize(skimage.io.imread(path), (224,224))
    imagename = os.path.basename(path)
    label = os.path.basename(os.path.dirname(path))
    images.append(image)
    imagenames.append(imagename)


    labels.append(label)

  return images, imagenames, labels

# 调试实操
 def fast_warp(img, tf, output_shape=(50, 50), mode='constant',
     order=1):
   m = tf.params
   return warp(img, m, output_shape=output_shape, mode=mode,
     order=order)

 def build_centering_transform(image_shape, target_shape=(50, 50)):
```

```
  if len(image_shape) == 2:
    rows, cols = image_shape
  else:
    rows, cols, _ = image_shape
  trows, tcols = target_shape
  shift_x = (cols - tcols) / 2.0
  shift_y = (rows - trows) / 2.0
  return SimilarityTransform(translation=(shift_x, shift_y))

def build_center_uncenter_transforms(image_shape):
  center_shift = \
      np.array([image_shape[1], image_shape[0]]) / 2.0 - 0.5
  tform_uncenter = SimilarityTransform(translation=-center_shift)
  tform_center = SimilarityTransform(translation=center_shift)
  return tform_center, tform_uncenter

def build_transform(zoom=(1.0, 1.0), rot=0, shear=0, trans=(0, 0),
    flip=False):
  if flip:
    shear += 180
    rot += 180

  r_rad = np.deg2rad(rot)
  s_rad = np.deg2rad(shear)
  tform_augment = AffineTransform(scale=(1/zoom[0], 1/zoom[1]),
    rotation=r_rad, shear=s_rad, translation=trans)
  return tform_augment

def random_transform(zoom_range, rotation_range, shear_range,
    translation_range, do_flip=True, allow_stretch=False,
    rng=np.random):
  shift_x = rng.uniform(*translation_range)
  shift_y = rng.uniform(*translation_range)
  translation = (shift_x, shift_y)

  rotation = rng.uniform(*rotation_range)
  shear = rng.uniform(*shear_range)

  if do_flip:
    flip = (rng.randint(2) > 0)
  else:
    flip = False

  log_zoom_range = [np.log(z) for z in zoom_range]


  if isinstance(allow_stretch, float):
    log_stretch_range =
        [-np.log(allow_stretch), np.log(allow_stretch)]
    zoom = np.exp(rng.uniform(*log_zoom_range))
    stretch = np.exp(rng.uniform(*log_stretch_range))
    z_x = zoom * stretch
    z_y = zoom / stretch
  elif allow_stretch is True:
    z_x = np.exp(rng.uniform(*log_zoom_range))
    z_y = np.exp(rng.uniform(*log_zoom_range))
  else:
    z_x = z_y = np.exp(rng.uniform(*log_zoom_range))

  return build_transform((z_x, z_y), rotation, shear, translation,
      flip)
```

```
# 生成调试参数
def perturb(img, augmentation_params, t_shape=(50, 50),
      rng=np.random):
  tf_centering = build_centering_transform(img.shape, t_shape)
  tf_center, tf_uncenter =
      build_center_uncenter_transforms(img.shape)
  tf_aug = random_transform(rng=rng, **augmentation_params)
  tf_aug = tf_uncenter + tf_aug + tf_center
  tf_aug = tf_centering + tf_aug
  warp_one = fast_warp(img, tf_aug, output_shape=t_shape,
      mode='constant')
  return warp_one.astype('float32')


# main处理
path_root = '../../data/Caltech-101'

shutil.rmtree('../../data/Caltech-101/train_org')

# 避开train路径
os.rename("../../data/Caltech-101/train",
          "../../data/Caltech-101/train_org")

# 避开valid路径
os.rename("../../data/Caltech-101/valid",
          "../../data/Caltech-101/valid_org")

# 避开test路径
os.rename("../../data/Caltech-101/test",
          "../../data/Caltech-101/test_org")

# 若无路径需制作
if not os.path.exists('../../data/Caltech-101/train/all'):
  os.makedirs('../../data/Caltech-101/train/all')
if not os.path.exists('../../data/Caltech-101/valid/all'):
  os.makedirs('../../data/Caltech-101/valid/all')
if not os.path.exists('../../data/Caltech-101/test/all'):
  os.makedirs('../../data/Caltech-101/test/all')
for ho in range(0, 2):
  for aug in xrange(5):


    if not os.path.exists(
        '../../data/Caltech-101/train/%i/%i'%(ho, aug)):
      os.makedirs('../../data/Caltech-101/train/%i/%i'%(ho, aug))
    if not os.path.exists(
        '../../data/Caltech-101/valid/%i/%i'%(ho,aug)):
      os.makedirs('../../data/Caltech-101/valid/%i/%i'%(ho,aug))
    if not os.path.exists('../../data/Caltech-101/test/%i'%aug):
      os.makedirs('../../data/Caltech-101/test/%i'%aug)

# data_augmentation 参数
augmentation_params = {
  # 扩缩（固定纵横比）
  'zoom_range': (1 / 1, 1),
  # 旋转角度
  'rotation_range': (-15, 15),
  # 裁剪
  'shear_range': (-20, 20),
  # 平移
  'translation_range': (-30, 30),
  # 翻转
  'do_flip': False,
  # 缩放（不固定纵横比）
  'allow_stretch': 1.3,
```

```
}

# 为holdout重复2次
for ho in xrange(0, 2):

  paths_train =
      sorted(glob('%s/train_org/%i/*/*.jpg'%(path_root, ho)))
  paths_valid =
      sorted(glob('%s/valid_org/%i/*/*.jpg'%(path_root, ho)))
  paths_test = sorted(glob('%s/test_org/*/*.jpg'%path_root))

  # 读取图像
  images_train, imagenames_train, labels_train = load(paths_train)
  images_valid, imagenames_valid, labels_valid = load(paths_valid)
  images_test, imagenames_test, labels_test = load(paths_test)


  # 由于已增至5倍，需重复5次
  for s in xrange(5):
    seed = ho * 5 + s
    np.random.seed(seed)

    # 生成train数据
    path_output = '%s/train/%i/%i'%(path_root, ho, s)

    # 生成路径
    if not os.path.exists(path_output):
      os.makedirs(path_output)

    # 重复图像分类
    for i, image in enumerate(images_train):
      path_dir = os.path.join(path_output, labels_train[i])
      all_path_dir =
          os.path.join(path_root, 'train/all', labels_train[i])
      if not os.path.exists(path_dir):
        os.mkdir(path_dir)
      if not os.path.exists(all_path_dir):
        os.makedirs(all_path_dir)
      name = imagenames_train[i]
      # augmentation实操
      image = perturb(image, augmentation_params, (224, 224))
      skimage.io.imsave(os.path.join(path_dir, name), image)
      # 整理augment后数据至一个路径下
      # ResNet用
      path_output_tmp = '%s/train/all/'%(path_root)
      path_dir_tmp = os.path.join(path_output_tmp, labels_train[i])
      name_tmp =
          name.split(".")[0] + "_" + str(seed) + "." + name.split(".")[1]
      skimage.io.imsave(os.path.join(path_dir_tmp, name_tmp), image)


    # 生成valid数据
    path_output = '%s/valid/%i/%i'%(path_root, ho, s)

    # 生成路径
    if not os.path.exists(path_output):
      os.makedirs(path_output)

    # 重复图像分类
    for i, image in enumerate(images_valid):
      path_dir = os.path.join(path_output, labels_valid[i])
      all_path_dir =
```

```
        os.path.join(path_root, 'valid/all', labels_valid[i])
    if not os.path.exists(path_dir):
      os.mkdir(path_dir)
    if not os.path.exists(all_path_dir):
      os.makedirs(all_path_dir)
    name = imagenames_valid[i]
    # augmentation实操
    image = perturb(image, augmentation_params, (224, 224))
    skimage.io.imsave(os.path.join(path_dir, name), image)
    # 整理augment后数据至一个路径下
    # ResNet用
    path_output_tmp = '%s/train/all/'%(path_root)
    path_dir_tmp = os.path.join(path_output_tmp, labels_valid[i])
    name_tmp =
        name.split(".")[0] + "_" + str(seed) + "." + name.split(".")[1]
    skimage.io.imsave(os.path.join(path_dir_tmp, name_tmp), image)

if ho == 0:

# 生成test数据
path_output = '%s/test/%i'%(path_root,s)

# 生成路径
if not os.path.exists(path_output):
  os.makedirs(path_output)

# 重复图像分类
for i, image in enumerate(images_test):
  path_dir = os.path.join(path_output, labels_test[i])
  all_path_dir =


      os.path.join(path_root, 'test/all', labels_test[i])
  if not os.path.exists(path_dir):
    os.mkdir(path_dir)
  if not os.path.exists(all_path_dir):
    os.makedirs(all_path_dir)
  name = imagenames_test[i]
  # augmentation实操
  image = perturb(image, augmentation_params, (224, 224))
  skimage.io.imsave(os.path.join(path_dir, name), image)
  # 整理augment后数据至一个路径下
  # ResNet用
  path_output_tmp = '%s/test/all/'%(path_root)
  path_dir_tmp = os.path.join(path_output_tmp, labels_test[i])
  name_tmp =name.split(".")[0] + "_" + str(seed) + "." +
        name.split(".")[1]
  skimage.io.imsave(os.path.join(path_dir_tmp, name_tmp), image)
```

9_Layer_CNN.py（程序4.4～4.8）

```
# -*- coding: utf-8 -*-

import numpy as np
from numpy.random import permutation

import os, glob, cv2, math, sys
import pandas as pd

from keras.models import Sequential, model_from_json
from keras.layers.core import Dense, Dropout, Flatten
from keras.layers.convolutional import Convolution2D, MaxPooling2D
from keras.layers.advanced_activations import LeakyReLU
from keras.callbacks import ModelCheckpoint
from keras.optimizers import SGD
from keras.utils import np_utils
```

```
# seed值
np.random.seed(1)

# 使用图像尺寸
img_rows, img_cols = 224, 224

# 图像数据 读取1张并复原尺寸
def get_im(path):

  img = cv2.imread(path)
  resized = cv2.resize(img, (img_cols, img_rows))

  return resized

# 读取并规范数据，打乱数据顺序
def read_train_data(ho=0, kind='train'):

  train_data = []
  train_target = []

  # 读取训练用数据
  for j in range(0, 6): # 0～5
   path = '../../data/Caltech-101/'
   path += '%s/%i/*/%i/*.jpg'%(kind, ho, j)

   files = sorted(glob.glob(path))

   for fl in files:

     flbase = os.path.basename(fl)

     # 读取1张图像
     img = get_im(fl)
     img = np.array(img, dtype=np.float32)

       # 规范化(GCN)实操
       img -= np.mean(img)
       img /= np.std(img)

       train_data.append(img)
       train_target.append(j)

    # 把读取的数据调整为numpy的array
    train_data = np.array(train_data, dtype=np.float32)
    train_target = np.array(train_target, dtype=np.uint8)

    # 调整(record数,纵,横,channel数)为(record数,channel数,纵,横)
    train_data = train_data.transpose((0, 3, 1, 2))

    # 把target调整为6维
    # ex) 1 -> 0,1,0,0,0,0   2 -> 0,0,1,0,0,0
    train_target = np_utils.to_categorical(train_target, 6)
```

```
    # 打乱数据顺序
    perm = permutation(len(train_target))
    train_data = train_data[perm]
    train_target = train_target[perm]

    return train_data, train_target


  # 读取测试数据
  def load_test(test_class, aug_i):

    path = '../../data/Caltech-101/test/%i/%i/*.jpg'%(aug_i, test_class)

    files = sorted(glob.glob(path))
    X_test = []
    X_test_id = []

    for fl in files:
      flbase = os.path.basename(fl)

      img = get_im(fl)
      img = np.array(img, dtype=np.float32)

      # 规范化(GCN)实操
      img -= np.mean(img)
      img /= np.std(img)
    X_test.append(img)
    X_test_id.append(flbase)

  # 更改读取数据为numpy的array
  test_data = np.array(X_test, dtype=np.float32)

  # 把(record数,纵,横,channel数)调整为(record数,channel数,纵,横)
  test_data = test_data.transpose((0, 3, 1, 2))

  return test_data, X_test_id


# 搭建9层CNN模型
def layer_9_model():

  # 以Keras的Sequential为基础搭建---①
  model = Sequential()

  # 在模型上追加卷积层(Convolution)---②
  model.add(Convolution2D(32, 3, 3, border_mode='same',
   activation='linear', input_shape=(3, img_rows, img_cols)))

    model.add(LeakyReLU(alpha=0.3))

    model.add(Convolution2D(32, 3, 3, border_mode='same',
      activation='linear'))
    model.add(LeakyReLU(alpha=0.3))
```

```
    # 在模型上添加池化层(MaxPooling) ---③
    model.add(MaxPooling2D((2, 2), strides=(2, 2)))


    model.add(Convolution2D(64, 3, 3, border_mode='same',
        activation='linear'))
    model.add(LeakyReLU(alpha=0.3))
    model.add(Convolution2D(64, 3, 3, border_mode='same',
        activation='linear'))
    model.add(LeakyReLU(alpha=0.3))
    model.add(MaxPooling2D((2, 2), strides=(2, 2)))


    model.add(Convolution2D(128, 3, 3, border_mode='same',
        activation='linear'))
    model.add(LeakyReLU(alpha=0.3))
    model.add(Convolution2D(128, 3, 3, border_mode='same',
        activation='linear'))
    model.add(LeakyReLU(alpha=0.3))
    model.add(MaxPooling2D((2, 2), strides=(2, 2)))


    # 在模型上添加Flatten层-- ④
    model.add(Flatten())
    # 在模型上添加全连接层(Dense) --- ⑤
    model.add(Dense(1024, activation='linear'))
    model.add(LeakyReLU(alpha=0.3))
    # 在模型上添加Dropout层--- ⑥
    model.add(Dropout(0.5))
    model.add(Dense(1024, activation='linear'))
    model.add(LeakyReLU(alpha=0.3))
    model.add(Dropout(0.5))
    # 生成最后的output ---⑦
    model.add(Dense(6, activation='softmax'))

    # 定义损失计算和梯度计算用算式 --- ⑧
    sgd = SGD(lr=1e-3, decay=1e-6, momentum=0.9, nesterov=True)
    model.compile(optimizer=sgd,
         loss='categorical_crossentropy', metrics=["accuracy"])
    return model


# 读取模型结构和权值
def read_model(ho, modelStr='', epoch='00'):
  # 模型结构文件名
  json_name = 'architecture_%s_%i.json'%(modelStr, ho)
  # 模型权值文件名
  weight_name = 'model_weights_%s_%i_%s.h5'%(modelStr, ho, epoch)

  # 读取模型结构、从json转换为模型目标
  model =
      model_from_json(open(os.path.join('cache', json_name)).read())

  # 读取模型结构至权值
  model.load_weights(os.path.join('cache', weight_name))

  return model

# 保存模型结构
def save_model(model, ho, modelStr=''):
  # 把模型目标转换为json形式
  json_string = model.to_json()
```

```
  # 若当前路径下里无cache路径需制作
  if not os.path.isdir('cache'):
    os.mkdir('cache')
  # 存储模型结构的文件名
  json_name = 'architecture_%s_%i.json'%(modelStr, ho)
  # 存储模型结构
  open(os.path.join('cache', json_name), 'w').write(json_string)


def run_train(modelStr=''):

  # 执行2次holdout
  for ho in range(2):

    # 搭建模型
    model = layer_9_model()

    # 读取train数据
    t_data, t_target = read_train_data(ho, 'train')
    v_data, v_target = read_train_data(ho, 'valid')

    # 设置CheckPoint。存储每个epoch的权值
    cp = ModelCheckpoint(
        './cache/model_weights_%s_%i_{epoch:02d}.h5'%(modelStr, ho),
    monitor='val_loss', save_best_only=False)

    # train实操
    model.fit(t_data, t_target, batch_size=64,
          nb_epoch=40,
              verbose=1,validation_data=(v_data, v_target),
              shuffle=True,
              callbacks=[cp])


        # 存储模型结构
        save_model(model, ho, modelStr)



    # 对测试集进行类别估测
    def run_test(modelStr, epoch1, epoch2):

      # 提取类别名称
      columns = []
      for line in open("../../data/Caltech-101/label.csv", 'r'):
        sp = line.split(',')
        for column in sp:
          columns.append(column.split(":")[1])

      # 因测试数据已划分类别
      # 逐一读取类别图像进行估测
      for test_class in range(0, 6):

        yfull_test = []

        # 为读取数据扩充图像重复5次
        for aug_i in range(0,5):

          # 读取测试数据
          test_data, test_id = load_test(test_class, aug_i)

          # 重复2次holdout
          for ho in range(2):
```

```
        if ho == 0:
          epoch_n = epoch1
        else:
          epoch_n = epoch2

        # 读取预训练模型
        model = read_model(ho, modelStr, epoch_n)

        # 估测实操
        test_p = model.predict(test_data, batch_size=128, verbose=1)

        yfull_test.append(test_p)

    # 取估测结果均值
    test_res = np.array(yfull_test[0])
    for i in range(1,10):
      test_res += np.array(yfull_test[i])
    test_res /= 10

    # 合并估测结果、类型名称和图像名
    result1 = pd.DataFrame(test_res, columns=columns)
    result1.loc[:, 'img'] = pd.Series(test_id, index=result1.index)
    # 替换顺序
    result1 = result1.ix[:,[6, 0, 1, 2, 3, 4, 5]]

    if not os.path.isdir('subm'):
      os.mkdir('subm')
    sub_file = './subm/result_%s_%i.csv'%(modelStr, test_class)

    # 输出最终估测结果
    result1.to_csv(sub_file, index=False)

    # 检测估测精度
    # 寻找含最大值列的test_class记录
    one_column = np.where(np.argmax(test_res, axis=1)==test_class)
    print ("正解数  " + str(len(one_column[0])))
    print ("非正解数" + str(test_res.shape[0] - len(one_column[0])))


# 实操名称
if __name__ == '__main__':

  # 提取变量
  #  [1] = train or test
  #  [2] = 仅test时、使用epoch数 1
  #  [3] = 仅test时、使用epoch数 2
  param = sys.argv

  if len(param) < 2:
    sys.exit ("Usage: python 9_Layer_CNN.py [train, test] [1] [2]")

  # train or test
  run_type = param[1]

  if run_type == 'train':
    run_train('9_Layer_CNN')
  elif run_type == 'test':
    # test时、从变量中提取使用epoch数
    if len(param) == 4:
      epoch1 = "%02d"%(int(param[2])-1)
      epoch2 = "%02d"%(int(param[3])-1)
      run_test('9_Layer_CNN', epoch1, epoch2)
```

```
    else:
      sys.exit ("Usage: python 9_Layer_CNN.py [train, test] [1] [2]")
  else:
    sys.exit ("Usage: python 9_Layer_CNN.py [train, test] [1] [2]")
```

VGG_16. py（程序4.9）

```
#!/usr/bin/env python
# -*- coding: utf-8 -*-
from __future__ import print_function
import glob
import math
import os
import sys
import cv2
import h5py
import numpy as np
import pandas as pd
from keras.models import Sequential, model_from_json
from keras.layers.core import Dense, Dropout, Flatten
from keras.layers.convolutional import Convolution2D, MaxPooling2D,
    ZeroPadding2D
from keras.callbacks import ModelCheckpoint
from keras.optimizers import SGD
from keras.utils import np_utils


# seed值
np.random.seed(2016)

# 使用图像尺寸
img_rows, img_cols = 224, 224

# 读取1张图像数据并复原尺寸
def get_im(path):

  img = cv2.imread(path)
  resized = cv2.resize(img, (img_cols, img_rows))

  return resized

# 读取并规范数据，打乱数据顺序
def read_train_data(ho=0, kind='train'):

  train_data = []
  train_target = []

  # 读取训练用数据
  for j in range(0, 6): # 0～5

    path = '../../data/Caltech-101/'
    path += '%s/%i/*/%i/*.jpg'%(kind, ho, j)

    files = sorted(glob.glob(path))

    for fl in files:

      flbase = os.path.basename(fl)

      # 读取1张图像
      img = get_im(fl)
      img = np.array(img, dtype=np.float32)
```

```
            # 规范化(GCN)实操
            img -= np.mean(img)
            img /= np.std(img)

            train_data.append(img)
            train_target.append(j)

    # 把读取数据调整为 numpy 的array
    train_data = np.array(train_data, dtype=np.float32)
    train_target = np.array(train_target, dtype=np.uint8)

    # 调整(record数,纵,横,channel数) 为 (record数,channel数,纵,横)
    train_data = train_data.transpose((0, 3, 1, 2))

    # 把target调整为6维数据
    # ex) 1 -> 0,1,0,0,0,0   2 -> 0,0,1,0,0,0
    train_target = np_utils.to_categorical(train_target, 6)

    # 打乱数据顺序
    perm = np.random.permutation(len(train_target))
    train_data = train_data[perm]
    train_target = train_target[perm]

    return train_data, train_target

# 读取数据
def load_test(test_class, aug_i):

    path = '../../data/Caltech-101/test/%i/%i/*.jpg'%(aug_i, test_class)

    files = sorted(glob.glob(path))
    X_test = []
    X_test_id = []

    for fl in files:
        flbase = os.path.basename(fl)

        img = get_im(fl)
        img = np.array(img, dtype=np.float32)

        # 规范化(GCN)实操
        img -= np.mean(img)
        img /= np.std(img)

        X_test.append(img)
        X_test_id.append(flbase)

    # 把读取数据调整为numpy的array
    test_data = np.array(X_test, dtype=np.float32)

    # 把(record数,纵,横,channel数)调整为(record数,channel数,纵,横)
    test_data = test_data.transpose((0, 3, 1, 2))

    return test_data, X_test_id

# 搭建VGG-16模型
def vgg16_model():

    # 以Keras的Sequential做模型基础---①
    model = Sequential()

    model.add(ZeroPadding2D((1, 1), input_shape=(3, 224, 224)))
    model.add(Convolution2D(64, 3, 3, activation='relu'))
    model.add(ZeroPadding2D((1, 1)))
    model.add(Convolution2D(64, 3, 3, activation='relu'))
    model.add(MaxPooling2D((2, 2), strides=(2, 2)))
```

```
model.add(ZeroPadding2D((1, 1)))
model.add(Convolution2D(128, 3, 3, activation='relu'))
model.add(ZeroPadding2D((1, 1)))
model.add(Convolution2D(128, 3, 3, activation='relu'))
model.add(MaxPooling2D((2, 2), strides=(2, 2)))


model.add(ZeroPadding2D((1, 1)))
model.add(Convolution2D(256, 3, 3, activation='relu'))
model.add(ZeroPadding2D((1, 1)))
model.add(Convolution2D(256, 3, 3, activation='relu'))
model.add(ZeroPadding2D((1, 1)))
model.add(Convolution2D(256, 3, 3, activation='relu'))
model.add(MaxPooling2D((2, 2), strides=(2, 2)))


model.add(ZeroPadding2D((1, 1)))
model.add(Convolution2D(512, 3, 3, activation='relu'))
model.add(ZeroPadding2D((1, 1)))
model.add(Convolution2D(512, 3, 3, activation='relu'))
model.add(ZeroPadding2D((1, 1)))
model.add(Convolution2D(512, 3, 3, activation='relu'))
model.add(MaxPooling2D((2, 2), strides=(2, 2)))


model.add(ZeroPadding2D((1, 1)))
model.add(Convolution2D(512, 3, 3, activation='relu'))
model.add(ZeroPadding2D((1, 1)))
model.add(Convolution2D(512, 3, 3, activation='relu'))
model.add(ZeroPadding2D((1, 1)))
model.add(Convolution2D(512, 3, 3, activation='relu'))
model.add(MaxPooling2D((2, 2), strides=(2, 2)))


model.add(Flatten())
model.add(Dense(4096, activation='relu'))
model.add(Dropout(0.5))
model.add(Dense(4096, activation='relu'))
model.add(Dropout(0.5))


# 读取VGG16 pre-trained模型 --- ②
f = h5py.File('../../data/VGG16/vgg16_weights.h5')
for k in range(f.attrs['nb_layers']):
  if k >= len(model.layers):
    # we don't look at the last (fully-connected) layers in
    # the savefile
    break
  g = f['layer_{}'.format(k)]
  weights =
      [g['param_{}'.format(p)] for p in range(g.attrs['nb_params'])]
  model.layers[k].set_weights(weights)
f.close()

# 生成最终output -- ③
model.add(Dense(6, activation='softmax'))

# 定义损失计算和梯度计算用算式
sgd = SGD(lr=1e-3, decay=1e-6, momentum=0.9, nesterov=True)
model.compile(optimizer=sgd,
     loss='categorical_crossentropy', metrics=["accuracy"])
return model
```

```
# 读取模型结构和权值
def read_model(ho, modelStr='', epoch='00'):
  # 模型结构文件名
  json_name = 'architecture_%s_%i.json'%(modelStr, ho)
  # 模型权值文件名
  weight_name = 'model_weights_%s_%i_%s.h5'%(modelStr, ho, epoch)

  # 读取模型结构、从json向模型目标转换
  model =
      model_from_json(open(os.path.join('cache', json_name)).read())

  # 读取模型目标至权值
  model.load_weights(os.path.join('cache', weight_name))

  return model


# 存储模型结构
def save_model(model, ho, modelStr=''):
  # 把模型目标转换成json形式
  json_string = model.to_json()
  # 若当前路径下无cache路径，需制作
  if not os.path.isdir('cache'):
    os.mkdir('cache')
  # 存储模型结构的文件名
  json_name = 'architecture_%s_%i.json'%(modelStr, ho)
  # 存储模型结构
  open(os.path.join('cache', json_name), 'w').write(json_string)


def run_train(modelStr=''):

  # 生成Cache路径
  if not os.path.isdir('./cache'):
    os.mkdir('./cache')

  # 执行2次holdOut
  for ho in range(2):

    # 搭建模型
    model = vgg16_model()

    # 读取train数据
    t_data, t_target = read_train_data(ho, 'train')
    v_data, v_target = read_train_data(ho, 'valid')

    # 设置CheckPoint。保存每个epoch的权值
    cp = ModelCheckpoint(
        './cache/model_weights_%s_%i_{epoch:02d}.h5'%(modelStr, ho),
    monitor='val_loss', save_best_only=False)

    # train实操
    model.fit(t_data, t_target, batch_size=32,
          nb_epoch=10,
          verbose=1,
          validation_data=(v_data, v_target),
          shuffle=True,
          callbacks=[cp])


    # 存储模型结构
    save_model(model, ho, modelStr)

# 对测试数据进行类别估测
def run_test(modelStr, epoch1, epoch2):
```

```
    # 提取类别名称
    columns = []
    for line in open("../../data/Caltech-101/label.csv", 'r'):
      sp = line.split(',')
      for column in sp:
        columns.append(column.split(":")[1])

    # 因测试数据已分类
    # 逐一读取类别数据进行估测
    for test_class in range(0, 6):

      yfull_test = []

      # 重复5次读取数据扩充后图像
      for aug_i in range(0,5):

        # 读取测试数据
        test_data, test_id = load_test(test_class, aug_i)

        #print test_id

        # 重复2次holdOut
        for ho in range(2):

          if ho == 0:
            epoch_n = epoch1
          else:
            epoch_n = epoch2

          # 读取预训练模型
          model = read_model(ho, modelStr, epoch_n)

          # 估测实操
          test_p = model.predict(test_data, batch_size=128, verbose=1)

          yfull_test.append(test_p)

      # 取估测结果均值
      test_res = np.array(yfull_test[0])
      for i in range(1,10):
        test_res += np.array(yfull_test[i])
      test_res /= 10

      # 合并估测结果、类别名称及图像名称
      result1 = pd.DataFrame(test_res, columns=columns)
      result1.loc[:, 'img'] = pd.Series(test_id, index=result1.index)

      # 替换顺序
      result1 = result1.ix[:,[6, 0, 1, 2, 3, 4, 5]]
      if not os.path.isdir('subm'):
        os.mkdir('subm')
      sub_file = './subm/result_%s_%i.csv'%(modelStr, test_class)

      # 输出最终估测结果
      result1.to_csv(sub_file, index=False)

      # 检测估测精度
      # 寻找含最大值的列所在test_class记录
      one_column = np.where(np.argmax(test_res, axis=1)==test_class)
      print ("正解数  " + str(len(one_column[0])))
      print ("非正解数" + str(test_res.shape[0] - len(one_column[0])))

# 实操名称
if __name__ == '__main__':
```

```
# 提取变量
# [1] = train or test
# [2] = 仅test时使用epoch数 1
# [3] = 仅test时使用epoch数 2
param = sys.argv

if len(param) < 2:
  print("Usage: python VGG_16.py [train, test] [1] [2]")
  sys.exit(1)

# train or test
run_type = param[1]

if run_type == 'train':
  run_train('VGG_16')
elif run_type == 'test':
  # test时、从变量中提取使用epoch数
  if len(param) == 4:
    epoch1 = "%02d"%(int(param[2])-1)
    epoch2 = "%02d"%(int(param[3])-1)
    run_test('VGG_16', epoch1, epoch2)
  else:
    print("Usage: python VGG_16.py [train, test] [1] [2]")
    sys.exit(1)
```

datasets/caltech101. lua（程序 4. 10）

```
--
-- Copyright (c) 2016, Facebook, Inc.
-- All rights reserved.
--
-- This source code is licensed under the BSD-style license found
-- in the LICENSE file in the root directory of this source tree.
-- An additional grant of patent rights can be found in the PATENTS
-- file in the same directory.
--
-- Caltech dataset loader
--

local image = require 'image'
local paths = require 'paths'
local t = require 'datasets/transforms'

local ffi = require 'ffi'

local M = {}
local CaltechDataset = torch.class('resnet.CaltechDataset', M)

function CaltechDataset:__init(imageInfo, opt, split)
   self.imageInfo = imageInfo[split]
   self.opt = opt
   self.split = split
   self.dir = paths.concat(opt.data, split)
   assert(paths.dirp(self.dir),'directory does not exist: '..self.dir)
end

function CaltechDataset:get(i)
   local path = ffi.string(self.imageInfo.imagePath[i]:data())

   local image = self:_loadImage(paths.concat(self.dir, path))
   local class = self.imageInfo.imageClass[i]

   return {
      input = image,
      target = class,
```

```
      -- FWD
      path = path,
      -- /FWD
   }
end

function CaltechDataset:_loadImage(path)
   local ok, input = pcall(function()
      return image.load(path, 3, 'float')
   end)

   -- Sometimes image.load fails because the file extension does not
   -- match the image format. In that case, use image.decompress on
   -- a ByteTensor.
   if not ok then
      local f = io.open(path, 'r')
      assert(f, 'Error reading: ' .. tostring(path))
      local data = f:read('*a')
      f:close()

      local b = torch.ByteTensor(string.len(data))
      ffi.copy(b:data(), data, b:size(1))

      input = image.decompress(b, 3, 'float')
   end

   return input
end

function CaltechDataset:size()
   return self.imageInfo.imageClass:size(1)
end

-- 提前根据训练集计算出的平均值和标准偏差
-- (使用calculate_meanstd.py)
local meanstd = {


   mean = { 0.483, 0.457, 0.420 },
   std = { 0.349, 0.343, 0.348 },
}

function CaltechDataset:preprocess()
   if self.split == 'train/all' then
      return t.Compose{
         t.ColorNormalize(meanstd),
      }
   elseif self.split == 'valid/all' then
      local Crop = self.opt.tenCrop and t.TenCrop or t.CenterCrop
      return t.Compose{
         t.ColorNormalize(meanstd),
      }
   elseif self.split == 'test/all' then
      local Crop = self.opt.tenCrop and t.TenCrop or t.CenterCrop
      return t.Compose{
         t.Resize(224, 224),
         t.ColorNormalize(meanstd),
      }
   else
      error('invalid split: ' .. self.split)
   end
end

return M.CaltechDataset
```

train. lua（程序 4.11、4.12）

```
--
-- Copyright (c) 2016, Facebook, Inc.
-- All rights reserved.
--
-- This source code is licensed under the BSD-style license found in
-- the LICENSE file in the root directory of this source tree. An
-- additional grant of patent rights can be found in the PATENTS
-- file in the same directory.
--
-- The training loop and learning rate schedule
--

local optim = require 'optim'

local M = {}
local Trainer = torch.class('resnet.Trainer', M)

function Trainer:__init(model, criterion, opt, optimState)
   self.model = model
   self.criterion = criterion
   self.optimState = optimState or {
      learningRate = opt.LR,
      learningRateDecay = 0.0,
      momentum = opt.momentum,
      nesterov = true,
      dampening = 0.0,
      weightDecay = opt.weightDecay,
   }
   self.opt = opt


   self.params, self.gradParams = model:getParameters()
end

function Trainer:train(epoch, dataloader)
   -- Trains the model for a single epoch
   self.optimState.learningRate = self:learningRate(epoch)

   local timer = torch.Timer()
   local dataTimer = torch.Timer()

   local function feval()
      return self.criterion.output, self.gradParams
   end

   local trainSize = dataloader:size()
   local top1Sum, top5Sum, lossSum = 0.0, 0.0, 0.0
   local N = 0

   print('=> Training epoch # ' .. epoch)
   -- set the batch norm to training mode
   self.model:training()
   for n, sample in dataloader:run() do
      local dataTime = dataTimer:time().real

      -- Copy input and target to the GPU
      self:copyInputs(sample)

      local output = self.model:forward(self.input):float()
      local batchSize = output:size(1)
      local loss =
          self.criterion:forward(self.model.output, self.target)
```

```
      self.model:zeroGradParameters()
      self.criterion:backward(self.model.output, self.target)
      self.model:backward(self.input, self.criterion.gradInput)

      optim.sgd(feval, self.params, self.optimState)

      local top1, top5 = self:computeScore(output, sample.target, 1)
      top1Sum = top1Sum + top1*batchSize
      top5Sum = top5Sum + top5*batchSize
      lossSum = lossSum + loss*batchSize
      N = N + batchSize

      -- FWD
      -- print((' | Epoch: [%d][%d/%d]    Time %.3f  Data %.3f  Err
      --     %1.4f  top1 %7.3f  top5 %7.3f'):format( epoch, n,
      --     trainSize, timer:time().real, dataTime, loss, top1, top5))
      print((' | Epoch: [%d][%d/%d]    Time %.3f  Data %.3f  '+
         'Err %1.4f  top1 %7.3f'):format(epoch, n, trainSize,
         timer:time().real, dataTime, loss, top1))
      -- /FWD

      -- check that the storage didn't get changed do to
      -- an unfortunate getParameters call
      assert(self.params:storage() ==
         self.model:parameters()[1]:storage())

       timer:reset()
       dataTimer:reset()
   end

   return top1Sum / N, top5Sum / N, lossSum / N
end

function Trainer:test(epoch, dataloader)
   -- Computes the top-1 and top-5 err on the validation set
   local timer = torch.Timer()
   local dataTimer = torch.Timer()
   local size = dataloader:size()

   local nCrops = self.opt.tenCrop and 10 or 1
   local top1Sum, top5Sum = 0.0, 0.0
   local N = 0

   -- FWD
   local outputs = {}
   -- /FWD

   self.model:evaluate()
   for n, sample in dataloader:run() do
      local dataTime = dataTimer:time().real

      -- Copy input and target to the GPU
      self:copyInputs(sample)

      local output = self.model:forward(self.input):float()
      local batchSize = output:size(1) / nCrops
      local loss = self.criterion:forward(self.model.output,
         self.target)

      local top1, top5 = self:computeScore(output, sample.target,
         nCrops)
      top1Sum = top1Sum + top1*batchSize
      top5Sum = top5Sum + top5*batchSize
      N = N + batchSize
```

```
         -- FWD
         -- print((' | Test: [%d][%d/%d]    Time %.3f  Data %.3f  top1
         --    %7.3f (%7.3f)  top5 %7.3f (%7.3f)'):format(
         --    epoch, n, size, timer:time().real, dataTime, top1,
         --    top1Sum / N, top5, top5Sum / N))
         print((' | Test: [%d][%d/%d]    Time %.3f  Data %.3f  top1 '+
            '%7.3f (%7.3f)'):format(epoch, n, size, timer:time().real,
            dataTime, top1, top1Sum / N))
         -- /FWD

         -- FWD
         if sample.paths ~= nil then
            output = nn.SoftMax():forward(output)
            for i = 1, output:size(1) do
               local label = sample.target[i]
               if outputs[label] == nil then
                  outputs[label] = {}
               end
               local filename = paths.basename(sample.paths[i])

              local probs = {filename}
              for j = 1, output:size(2) do
                 table.insert(probs, output[i][j])
              end
              table.insert(outputs[label], probs)
           end
        end
        -- /FWD

        timer:reset()
        dataTimer:reset()
     end
     self.model:training()

     -- FWD
     -- print((' * Finished epoch # %d     top1: %7.3f  top5: %7.3f\n')
     --    :format(epoch, top1Sum / N, top5Sum / N))
     print((' * Finished epoch # %d     top1: %7.3f\n'):format(
        epoch, top1Sum / N))
     -- /FWD

     -- FWD
     -- return top1Sum / N, top5Sum / N
     return top1Sum / N, top5Sum / N, outputs
     -- /FWD
  end

  function Trainer:computeScore(output, target, nCrops)
     if nCrops > 1 then
        -- Sum over crops
        output = output:view(output:size(1) / nCrops, nCrops,
              output:size(2))
           --:exp()
           :sum(2):squeeze(2)
     end

     -- Coputes the top1 and top5 error rate
     local batchSize = output:size(1)

     local _ , predictions = output:float():sort(2, true) -- descending

     -- Find which predictions match the target
     local correct = predictions:eq(
        target:long():view(batchSize, 1):expandAs(output))
```

```
    -- Top-1 score
    local top1 = 1.0 - (correct:narrow(2, 1, 1):sum() / batchSize)

    -- Top-5 score, if there are at least 5 classes
    local len = math.min(5, correct:size(2))
    local top5 = 1.0 - (correct:narrow(2, 1, len):sum() / batchSize)

    return top1 * 100, top5 * 100
 end

 function Trainer:copyInputs(sample)
    -- Copies the input to a CUDA tensor, if using 1 GPU, or to pinned
    -- memory, if using DataParallelTable. The target is always copied


    -- to a CUDA tensor
    self.input = self.input or (self.opt.nGPU == 1
       and torch.CudaTensor()
       or cutorch.createCudaHostTensor())
    self.target = self.target or torch.CudaTensor()

    self.input:resize(sample.input:size()):copy(sample.input)
    self.target:resize(sample.target:size()):copy(sample.target)
 end

 function Trainer:learningRate(epoch)
    -- Training schedule
    local decay = 0
    if self.opt.dataset == 'imagenet' then
       decay = math.floor((epoch - 1) / 30)
    elseif self.opt.dataset == 'cifar10' then
       decay = epoch >= 122 and 2 or epoch >= 81 and 1 or 0
    end
    return self.opt.LR * math.pow(0.1, decay)
 end

 return M.Trainer
```

第5章

data_augmentation-2. py（程序5.4）

```
#!/usr/bin/env python
# -*- coding: utf-8 -*-
from __future__ import print_function
import os

import numpy as np
np.random.seed(2016)
from keras.preprocessing.image import transform_matrix_offset_center,
                                     apply_transform,
                                     flip_axis,
                                     array_to_img,
                                     list_pictures,
                                     ImageDataGenerator,
                                     Iterator

from image_ext import load_imgs_asarray


class ImagePairDataGenerator(ImageDataGenerator):

  def __init__(self, *args, **kwargs):
    super(ImagePairDataGenerator, self).__init__(*args, **kwargs)
```

```
  def flow(self, X, Y, batch_size=32, shuffle=True, seed=None,
       save_to_dir_x=None, save_to_dir_y=None,
       save_prefix_x='', save_prefix_y='',
       save_prefixes_x=None, save_prefixes_y=None,
       save_format='jpeg'):
    return NumpyArrayIterator(
      X, Y, self,
    batch_size=batch_size, shuffle=shuffle, seed=seed,
    dim_ordering=self.dim_ordering,
    save_to_dir_x=save_to_dir_x, save_to_dir_y=save_to_dir_y,
    save_prefixes_x=save_prefixes_x, save_prefixes_y=save_prefixes_y,
    save_format=save_format)

def flow_from_directory(self):
  raise NotImplementedError

# 用2画像x, y做变量
def random transform(self, x, y):
  # 调整编译器后端与Theano或TensorFlow做相同处理
  # 提取索引位置
  # x is a single image, so it doesn't have image number at index 0
  img_row_index = self.row_index - 1
  img_col_index = self.col_index - 1
  img_channel_index = self.channel_index - 1

  # 制作转换用矩阵
  # use composition of homographies to generate final transform that
  # needs to be applied
  if self.rotation_range:
    theta = np.pi / 180 * np.random.uniform(-self.rotation_range,
        self.rotation_range)
  else:
    theta = 0
  rotation_matrix = np.array([[np.cos(theta), -np.sin(theta), 0],
              [np.sin(theta), np.cos(theta), 0],
              [0, 0, 1]])
  if self.height_shift_range:
    tx = np.random.uniform(-self.height_shift_range,
        self.height_shift_range) * x.shape[img_row_index]
  else:
    tx = 0

  if self.width_shift_range:
    ty = np.random.uniform(-self.width_shift_range,
        self.width_shift_range) * x.shape[img_col_index]
  else:
    ty = 0

  translation_matrix = np.array([[1, 0, tx],
                [0, 1, ty],
                [0, 0, 1]])
  if self.shear_range:
    shear = np.random.uniform(-self.shear_range, self.shear_range)
  else:
    shear = 0
  shear_matrix = np.array([[1, -np.sin(shear), 0],
              [0, np.cos(shear), 0],
              [0, 0, 1]])

  if self.zoom_range[0] == 1 and self.zoom_range[1] == 1:
    zx, zy = 1, 1
  else:
    zx, zy = np.random.uniform(self.zoom_range[0],
        self.zoom_range[1], 2)
  zoom_matrix = np.array([[zx, 0, 0],
```

```
                [0, zy, 0],
                [0, 0, 1]])

    transform_matrix = np.dot(np.dot(np.dot(rotation_matrix,
        translation_matrix), shear_matrix), zoom_matrix)

    h, w = x.shape[img_row_index], x.shape[img_col_index]
    transform_matrix = transform_matrix_offset_center(
            transform_matrix, h, w)
    x = apply_transform(x, transform_matrix, img_channel_index,
            fill_mode=self.fill_mode, cval=self.cval)

    # 对y进行同样转换
    y = apply_transform(y, transform_matrix, img_channel_index,
            fill_mode=self.fill_mode, cval=self.cval)

    # 由于安装的channel shift不适用于2图像，只能comment out
    # if self.channel_shift_range != 0:
    #   x = random_channel_shift(x, self.channel_shift_range,
    #                img_channel_index)

    if self.horizontal_flip:
      if np.random.random() < 0.5:
        x = flip_axis(x, img_col_index)
        # 翻转y
        y = flip_axis(y, img_col_index)

    if self.vertical_flip:
      if np.random.random() < 0.5:
        x = flip_axis(x, img_row_index)
        # 翻转y
        y = flip_axis(y, img_row_index)

    return x, y


class NumpyArrayIterator(Iterator):

  def __init__(self, X, Y, image_data_generator,
        batch_size=32, shuffle=False, seed=None,
        dim_ordering='default',
        save_to_dir_x=None, save_to_dir_y=None,
        save_prefix_x='', save_prefix_y='',
        save_prefixes_x=None, save_prefixes_y=None,
        save_format='jpeg'):
    if Y is not None and len(X) != len(Y):
      raise Exception('X (images tensor) and y (images tensor) '
              'should have the same length. '
              'Found: X.shape = %s, Y.shape = %s' %
              (np.asarray(X).shape, np.asarray(Y).shape))
    if dim_ordering == 'default':
      dim_ordering = K.image_dim_ordering()
    self.X = X
    self.Y = Y
    self.image_data_generator = image_data_generator
    self.dim_ordering = dim_ordering
    self.save_to_dir_x = save_to_dir_x
    self.save_to_dir_y = save_to_dir_y
    self.save_prefix_x = save_prefix_x
```

```
        self.save_prefix_y = save_prefix_y
        self.save_prefixes_x = save_prefixes_x
        self.save_prefixes_y = save_prefixes_y
        self.save_format = save_format
        super(NumpyArrayIterator, self).__init__(X.shape[0], batch_size,
            shuffle, seed)

    def next(self):
        # for python 2.x.
        # Keeps under lock only the mechanism which advances
        # the indexing of each batch
        # see http://anandology.com/blog/using-iterators-and-generators/
        with self.lock:
          index_array, current_index, current_batch_size =
              next(self.index_generator)
        # The transformation of images is not under thread lock so it
        # can be done in parallel
        batch_x = np.zeros(tuple([current_batch_size] +
            list(self.X.shape)[1:]))
        batch_y = np.zeros(tuple([current_batch_size] +
            list(self.Y.shape)[1:]))
        if self.save_prefixes_x:
          batch_prefixes_x = ['' for i in range(current_batch_size)]
        if self.save_prefixes_y:
          batch_prefixes_y = ['' for i in range(current_batch_size)]
        for i, j in enumerate(index_array):
          x = self.X[j]
          y = self.Y[j]
          x, y =
            self.image_data_generator.random_transform(x.astype('float32'),
                                      y.astype('float32'))
          x = self.image_data_generator.standardize(x)
          batch_x[i] = x
          batch_y[i] = y
          if self.save_prefixes_x is not None:
            batch_prefixes_x[i] = self.save_prefixes_x[j]
          if self.save_prefixes_y is not None:
            batch_prefixes_y[i] = self.save_prefixes_y[j]
        hash_val = np.random.randint(1e4)

        if self.save_to_dir_x:
          for i in range(current_batch_size):
            img = array_to_img(batch_x[i], self.dim_ordering, scale=True)
            if self.save_prefixes_x is None:
              fname = '{prefix}_{index}_{hash}.{format}'.format(
                                   prefix=self.save_prefix_x,
                                   index=current_index + i,
                                   hash=hash_val,
                                   format=self.save_format)
            else:
              fname = '{prefix}_{index}_{hash}.{format}'.format(
                                   prefix=batch_prefixes_x[i],
                                   index=current_index + i,
                                   hash=hash_val,
                                   format=self.save_format)
            img.save(os.path.join(self.save_to_dir_x, fname))
        if self.save_to_dir_y:
          for i in range(current_batch_size):

              img = array_to_img(batch_y[i], self.dim_ordering, scale=True)
              if self.save_prefixes_y is None:
                fname = '{prefix}_{index}_{hash}.{format}'.format(
                                     prefix=self.save_prefix_y,
                                     index=current_index + i,
                                     hash=hash_val,
```

```
                                        format=self.save_format)
        else:
          fname = '{prefix}_{index}_{hash}.{format}'.format(
                                        prefix=batch_prefixes_y[i],
                                        index=current_index + i,
                                        hash=hash_val,
                                        format=self.save_format)
        img.save(os.path.join(self.save_to_dir_y, fname))
      return batch_x, batch_y

def augment_img_pairs(dpath_src_x, dpath_src_y, dpath_dst_x,
            dpath_dst_y, target_size,
            grayscale_x=False, grayscale_y=False,
            nb_times=1,
            rotation_range=0.,
            width_shift_range=0.,
            height_shift_range=0.,
            shear_range=0.,
            zoom_range=0.,
            dim_ordering='default'):
  print('loading images from ' + dpath_src_x)
  print('loading images from ' + dpath_src_y)

  # 用numpy.ndarray型提取图像
  fpaths_x = list_pictures(dpath_src_x)
  fpaths_y = list_pictures(dpath_src_y)

  fpaths_x = sorted(fpaths_x)
  fpaths_y = sorted(fpaths_y)

  X = load_imgs_asarray(fpaths_x, grayscale=grayscale_x,
              target_size=target_size, dim_ordering=dim_ordering)
  Y = load_imgs_asarray(fpaths_y, grayscale=grayscale_y,
              target_size=target_size, dim_ordering=dim_ordering)

  assert(len(X) == len(Y))
  nb_pairs = len(X)
  print('==> ' + str(nb_pairs) + ' pairs loaded')

  # 准备数据生成器
  datagen = ImagePairDataGenerator(rotation_range=rotation_range,
                  width_shift_range=width_shift_range,
                  height_shift_range=height_shift_range,
                  shear_range=shear_range,
                  zoom_range=zoom_range)

  # 提取文件（无扩展名）
  froots_x = []
  for fpath_x in fpaths_x:
    basename = os.path.basename(fpath_x)
    froot_x = os.path.splitext(basename)[0]
    froots_x.append(froot_x)


    froots_y = []
    for fpath_y in fpaths_y:
      basename = os.path.basename(fpath_y)
      froot_y = os.path.splitext(basename)[0]
      froots_y.append(froot_y)

    # 扩充数据
    print('augmenting data...')
    i = 0
    for batch in datagen.flow(X, Y, batch_size=nb_pairs, shuffle=False,
                  save_to_dir_x=dpath_dst_x,
                  save_to_dir_y=dpath_dst_y,
```

```
                    save_prefixes_x=froots_x,
                    save_prefixes_y=froots_y):
      i += 1
      if i >= nb_times:
        break
    print('==> ' + str(nb_times*nb_pairs) + ' pairs created')

if __name__ == '__main__':
    # option
    dname_out_suffix = '-aug'
    target_size = (224, 224)
    nb_times = 25
    rotation_range = 15
    width_shift_range = 0.15
    height_shift_range = 0.15
    shear_range = 0.35
    zoom_range = 0.3
    dim_ordering = 'th'

    # 提取程序内部数据目录路径
    fpath_this = os.path.realpath(__file__)
    dpath_this = os.path.dirname(fpath_this)
    dpath_data = os.path.join(dpath_this, 'data')

    # 扩充训练数据
    print('\n# training data augmentation')
    dpath_img_in = os.path.join(dpath_data, 'train')
    dpath_mask_in = os.path.join(dpath_data, 'train_mask')

    dpath_img_out = dpath_img_in + dname_out_suffix
    dpath_mask_out = dpath_mask_in + dname_out_suffix

    if not os.path.isdir(dpath_img_out):
      os.mkdir(dpath_img_out)
    if not os.path.isdir(dpath_mask_out):
      os.mkdir(dpath_mask_out)

    augment_img_pairs(dpath_img_in, dpath_mask_in,
              dpath_img_out, dpath_mask_out,
              target_size,
              grayscale_x=False, grayscale_y=True,
              nb_times=nb_times,
              rotation_range=rotation_range,
              width_shift_range=width_shift_range,
              height_shift_range=height_shift_range,

                shear_range=shear_range,
                zoom_range=zoom_range,
                dim_ordering=dim_ordering)

      # 扩充验证数据
      print('\n# validation data augmentation')
      dpath_img_in = os.path.join(dpath_data, 'valid')
      dpath_mask_in = os.path.join(dpath_data, 'valid_mask')

      dpath_img_out = dpath_img_in + dname_out_suffix
      dpath_mask_out = dpath_mask_in + dname_out_suffix

      if not os.path.isdir(dpath_img_out):
        os.mkdir(dpath_img_out)
      if not os.path.isdir(dpath_mask_out):
        os.mkdir(dpath_mask_out)

      augment_img_pairs(dpath_img_in, dpath_mask_in,
```

```
            dpath_img_out, dpath_mask_out,
            target_size,
            grayscale_x=False, grayscale_y=True,
            nb_times=nb_times,
            rotation_range=rotation_range,
            width_shift_range=width_shift_range,
            height_shift_range=height_shift_range,
            shear_range=shear_range,
            zoom_range=zoom_range,
            dim_ordering=dim_ordering)
```

fcn. py（程序 5. 5 ~ 5. 7）

```
#!/usr/bin/env python
# -*- coding: utf-8 -*-
from __future__ import print_function
import argparse
import os

import numpy as np
np.random.seed(2016)
from keras import backend as K
from keras.callbacks import ModelCheckpoint
from keras.models import Model
from keras.layers import Input
from keras.layers import Convolution2D, MaxPooling2D, UpSampling2D
from keras.layers import merge
from keras.optimizers import Adam
from keras.preprocessing.image import list_pictures, array_to_img

from image_ext import list_pictures_in_multidir, load_imgs_asarray


def create_fcn(input_size):
  inputs = Input((3, input_size[1], input_size[0]))

  conv1 = Convolution2D(32, 3, 3, activation='relu',
      border_mode='same')(inputs)
  conv1 = Convolution2D(32, 3, 3, activation='relu',
      border_mode='same')(conv1)


pool1 = MaxPooling2D(pool_size=(2, 2))(conv1)

conv2 = Convolution2D(64, 3, 3, activation='relu',
    border_mode='same')(pool1)
conv2 = Convolution2D(64, 3, 3, activation='relu',
    border_mode='same')(conv2)
pool2 = MaxPooling2D(pool_size=(2, 2))(conv2)

conv3 = Convolution2D(128, 3, 3, activation='relu',
    border_mode='same')(pool2)
conv3 = Convolution2D(128, 3, 3, activation='relu',
    border_mode='same')(conv3)
pool3 = MaxPooling2D(pool_size=(2, 2))(conv3)

conv4 = Convolution2D(256, 3, 3, activation='relu',
    border_mode='same')(pool3)
conv4 = Convolution2D(256, 3, 3, activation='relu',
    border_mode='same')(conv4)
pool4 = MaxPooling2D(pool_size=(2, 2))(conv4)

conv5 = Convolution2D(512, 3, 3, activation='relu',
    border_mode='same')(pool4)
```

```
conv5 = Convolution2D(512, 3, 3, activation='relu',
    border_mode='same')(conv5)
pool5 = MaxPooling2D(pool_size=(2, 2))(conv5)

conv6 = Convolution2D(1024, 3, 3, activation='relu',
    border_mode='same')(pool5)
conv6 = Convolution2D(1024, 3, 3, activation='relu',
    border_mode='same')(conv6)

up7 = merge([UpSampling2D(size=(2, 2))(conv6), conv5],
    mode='concat', concat_axis=1)
conv7 = Convolution2D(512, 3, 3, activation='relu',
    border_mode='same')(up7)
conv7 = Convolution2D(512, 3, 3, activation='relu',
    border_mode='same')(conv7)

up8 = merge([UpSampling2D(size=(2, 2))(conv7), conv4],
    mode='concat', concat_axis=1)
conv8 = Convolution2D(256, 3, 3, activation='relu',
    border_mode='same')(up8)
conv8 = Convolution2D(256, 3, 3, activation='relu',
    border_mode='same')(conv8)

up9 = merge([UpSampling2D(size=(2, 2))(conv8), conv3],
    mode='concat', concat_axis=1)
conv9 = Convolution2D(128, 3, 3, activation='relu',
    border_mode='same')(up9)
conv9 = Convolution2D(128, 3, 3, activation='relu',
    border_mode='same')(conv9)

up10 = merge([UpSampling2D(size=(2, 2))(conv9), conv2],
    mode='concat', concat_axis=1)
conv10 = Convolution2D(64, 3, 3, activation='relu',
    border_mode='same')(up10)
conv10 = Convolution2D(64, 3, 3, activation='relu',
    border mode='same')(conv10)

    up11 = merge([UpSampling2D(size=(2, 2))(conv10), conv1],
        mode='concat', concat_axis=1)
    conv11 = Convolution2D(32, 3, 3, activation='relu',
        border_mode='same')(up11)
    conv11 = Convolution2D(32, 3, 3, activation='relu',
        border_mode='same')(conv11)

    conv12 = Convolution2D(1, 1, 1, activation='sigmoid')(conv11)

    fcn = Model(input=inputs, output=conv12)

    return fcn

  def dice_coef(y_true, y_pred):
    y_true = K.flatten(y_true)
    y_pred = K.flatten(y_pred)
    intersection = K.sum(y_true * y_pred)
    return (2.*intersection + 1) / (K.sum(y_true) + K.sum(y_pred) + 1)

  def dice_coef_loss(y_true, y_pred):
    return -dice_coef(y_true, y_pred)

  if __name__ == '__main__':
    # 解析command line变量
    parser = argparse.ArgumentParser('Train/Test FCN with Keras.')
    parser.add_argument('mode', choices=['train', 'test'],
            help='run mode', metavar='MODE')
    parser.add_argument('--weights', default='',
```

```
            help='path to a weights file')
    args = parser.parse_args()

    # option
    target_size = (224, 224)
    dname_checkpoints = 'checkpoints'
    dname_outputs = 'outputs'
    fname_architecture = 'architecture.json'
    fname_weights = "model_weights_{epoch:02d}.h5"
    fname_stats = 'stats.npz'
    dim_ordering = 'th'

    # 提取数据目录路径
    fpath_this = os.path.realpath(__file__)
    dpath_this = os.path.dirname(fpath_this)
    dpath_data = os.path.join(dpath_this, 'data')

    if args.mode == 'train': # 训练
      # 提取数据排列
      print('loading data...')
      dpaths_xs_train = [os.path.join(dpath_data, 'train'),
                  os.path.join(dpath_data, 'train-aug')]
      dpaths_ys_train = [os.path.join(dpath_data, 'train_mask'),
                  os.path.join(dpath_data, 'train_mask-aug')]
      dpaths_xs_valid = [os.path.join(dpath_data, 'valid'),
                  os.path.join(dpath_data, 'valid-aug')]
      dpaths_ys_valid = [os.path.join(dpath_data, 'valid_mask'),
                  os.path.join(dpath_data, 'valid_mask-aug')]


fpaths_xs_train = list_pictures_in_multidir(dpaths_xs_train)
fpaths_ys_train = list_pictures_in_multidir(dpaths_ys_train)
fpaths_xs_valid = list_pictures_in_multidir(dpaths_xs_valid)
fpaths_ys_valid = list_pictures_in_multidir(dpaths_ys_valid)

fpaths_xs_train = sorted(fpaths_xs_train)
fpaths_ys_train = sorted(fpaths_ys_train)
fpaths_xs_valid = sorted(fpaths_xs_valid)
fpaths_ys_valid = sorted(fpaths_ys_valid)

X_train = load_imgs_asarray(fpaths_xs_train, grayscale=False,
            target_size=target_size,
            dim_ordering=dim_ordering)
Y_train = load_imgs_asarray(fpaths_ys_train, grayscale=True,
            target_size=target_size,
            dim_ordering=dim_ordering)
X_valid = load_imgs_asarray(fpaths_xs_valid, grayscale=False,
            target_size=target_size,
            dim_ordering=dim_ordering)
Y_valid = load_imgs_asarray(fpaths_ys_valid, grayscale=True,
            target_size=target_size,
            dim_ordering=dim_ordering)

print('==> ' + str(len(X_train)) + ' training images loaded')
print('==> ' + str(len(Y_train)) + ' training masks loaded')
print('==> ' + str(len(X_valid)) + ' validation images loaded')
print('==> ' + str(len(Y_valid)) + ' validation masks loaded')

# 预处理
print('computing mean and standard deviation...')
mean = np.mean(X_train, axis=(0, 2, 3))
std = np.std(X_train, axis=(0, 2, 3))
print('==> mean: ' + str(mean))
print('==> std : ' + str(std))
```

```
    print('saving mean and standard deviation to ' +
        fname_stats + '...')
    stats = {'mean': mean, 'std': std}
    np.savez(fname_stats, **stats)
    print('==> done')

    print('globally normalizing data...')
    for i in range(3):
      X_train[:, i] = (X_train[:, i] - mean[i]) / std[i]
      X_valid[:, i] = (X_valid[:, i] - mean[i]) / std[i]
    Y_train /= 255
    Y_valid /= 255
    print('==> done')

    # 搭建模型
    print('creating model...')
    model = create_fcn(target_size)
    model.summary()

    # 定义损失函数、最优方法
    adam = Adam(lr=1e-5)
    model.compile(optimizer=adam, loss=dice_coef_loss,
        metrics=[dice_coef])

    # 确认有无存储结构和权值的路径
    dpath_checkpoints = os.path.join(dpath_this, dname_checkpoints)
    if not os.path.isdir(dpath_checkpoints):
      os.mkdir(dpath_checkpoints)

    # 存储模型结构
    json_string = model.to_json()
    fpath_architecture = os.path.join(dpath_checkpoints,
        fname_architecture)
    with open(fpath_architecture, 'wb') as f:
      f.write(json_string)

    # 准备存储权值用object
    fpath_weights = os.path.join(dpath_checkpoints, fname_weights)
    checkpointer = ModelCheckpoint(filepath=fpath_weights,
                    save_best_only=False)

    # 开始训练
    print('start training...')
    model.fit(X_train, Y_train, batch_size=32, nb_epoch=20, verbose=1,
          shuffle=True, validation_data=(X_valid, Y_valid),
          callbacks=[checkpointer])

  else: # test
    # 检测command line变量是否正确
    assert(os.path.isfile(args.weights))

    # 提取数据排列
    print('loading data...')
    dpath_xs_test = os.path.join(dpath_data, 'test')
    fpaths_xs_test = list_pictures(dpath_xs_test)
    fnames_xs_test = [os.path.basename(fpath) for fpath in
        fpaths_xs_test]
    X_test = load_imgs_asarray(fpaths_xs_test, grayscale=False,
                target_size=target_size,
                dim_ordering=dim_ordering)
    print('==> ' + str(len(X_test)) +  ' test images loaded')
```

```
# 加载训练时计算出的平均・标准偏差
print('loading mean and standard deviation from ' +
    fname_stats + '...')
stats = np.load(fname_stats)
mean = stats['mean']
std = stats['std']
print('==> mean: ' + str(mean))
print('==> std : ' + str(std))

print('globally normalizing data...')
for i in range(3):
  X_test[:, i] = (X_test[:, i] - mean[i]) / std[i]
print('==> done')

# 搭建模型
# (可以读取使用model_from_json()保存的结构)
print('creating model...')
model = create_fcn(target_size)
model.summary()

# 加载预训练权值
fpath_weights = os.path.realpath(args.weights)
print('loading weights from ' + fpath_weights)
model.load_weights(fpath_weights)
print('==> done')

# 开始测试
outputs = model.predict(X_test)

# 存储输出图像
dpath_outputs = os.path.join(dpath_this, dname_outputs)
if not os.path.isdir(dpath_outputs):
  os.mkdir(dpath_outputs)

print('saving outputs as images...')
for i, array in enumerate(outputs):
  array = np.where(array > 0.5, 1, 0)
  array = array.astype(np.float32)
  img_out = array_to_img(array, dim_ordering)
  fpath_out = os.path.join(dpath_outputs, fnames_xs_test[i])
  img_out.save(fpath_out)
print('==> done')
```

第6章

agent.py（程序6.1～6.4）

```
#!/usr/bin/env python
# -*- coding: utf-8 -*-
from __future__ import print_function
import argparse
import copy

import numpy as np
np.random.seed(0)
import chainer
import chainer.functions as F
import chainer.links as L
from chainer import cuda
from chainer import optimizers
from rlglue.agent.Agent import Agent
from rlglue.agent import AgentLoader as AgentLoader
from rlglue.types import Action
from rlglue.types import Observation
from rlglue.utils import TaskSpecVRLGLUE3
```

```
class QNet(chainer.Chain):

  def __init__(self, n_in, n_units, n_out):
    super(QNet, self).__init__(
      l1=L.Linear(n_in, n_units),
      l2=L.Linear(n_units, n_units),
      l3=L.Linear(n_units, n_out),
    )

  def value(self, x):
    h = F.relu(self.l1(x))
    h = F.relu(self.l2(h))
    return self.l3(h)

  def __call__(self, s_data, a_data, y_data):
    self.loss = None

    s = chainer.Variable(self.xp.asarray(s_data))
    Q = self.value(s)

    Q_data = copy.deepcopy(Q.data)

    if type(Q_data).__module__ != np.__name__:
      Q_data = self.xp.asnumpy(Q_data)

    t_data = copy.deepcopy(Q_data)
    for i in range(len(y_data)):
      t_data[i, a_data[i]] = y_data[i]

    t = chainer.Variable(self.xp.asarray(t_data))
    self.loss = F.mean_squared_error(Q, t)

    print('Loss:', self.loss.data)

    return self.loss

# Agent类别
class MarubatsuAgent(Agent):

  # Agent初始化
  # 定义训练内容
  def __init__(self, gpu):

    # 棋盘信息
    self.n_rows = 3
    self.n_cols = self.n_rows

    # 训练Input尺寸
    self.dim = self.n_rows * self.n_cols
    self.bdim = self.dim * 2

    self.gpu = gpu

    # 开始训练的step数
    self.learn_start = 5 * 10**3

    # 存储数据数
    self.capacity = 1 * 10**4

    # eps = 随机选择○的概率
    self.eps_start = 1.0
    self.eps_end = 0.001
    self.eps = self.eps_start

    # 训练追溯的Action数
    self.n_frames = 3
```

```
        # 单次训练用的数据尺寸
        self.batch_size = 32

        self.replay_mem = []
        self.last_state = None
        self.last_action = None
        self.reward = None
        self.state = 
            np.zeros((1, self.n_frames, self.bdim)).astype(np.float32)

        self.step_counter = 0

        self.update_freq = 1 * 10**4

        self.r_win = 1.0
        self.r_draw = -0.5
        self.r_lose = -1.0

        self.frozen = False

        self.win_or_draw = 0
        self.stop_learning = 200

    # 游戏信息初始化
    def agent_init(self, task_spec_str):
        task_spec = TaskSpecVRLGLUE3.TaskSpecParser(task_spec_str)

        if not task_spec.valid:
            raise ValueError(
                'Task spec could not be parsed: {}'.format(task_spec_str))

        self.gamma = task_spec.getDiscountFactor()
        self.Q = QNet(self.bdim*self.n_frames, 30, self.dim)

        if self.gpu >= 0:
            cuda.get_device(self.gpu).use()
            self.Q.to_gpu()
        self.xp = np if self.gpu < 0 else cuda.cupy

        self.targetQ = copy.deepcopy(self.Q)

        self.optimizer = optimizers.RMSpropGraves(lr=0.00025, alpha=0.95,
                                                  momentum=0.0)
        self.optimizer.setup(self.Q)

    # 紧接environment.py env_start
    # 决定一手○，返回
    def agent_start(self, observation):
        # 增加1个step
        self.step_counter += 1

        # 把observation从【0-2】的9个神经元转换为【0-1】的18个神经元
        self.update_state(observation)

        self.update_targetQ()

        # 确定○位置
        int_action = self.select_int_action()
        action = Action()
```

```
    action.intArray = [int_action]

    # 更新eps。eps为随机划○的概率
    self.update_eps()

    # 避开 state = 棋盘状态， action = 划○的位置
    self.last_state = copy.deepcopy(self.state)
    self.last_action = copy.deepcopy(int_action)

    return action

  # 从Agent第二手后至游戏结束
  def agent_step(self, reward, observation):
    # 增加1 step
    self.step_counter += 1

    self.update_state(observation)
    self.update_targetQ()

    # 决定○位置
    int_action = self.select_int_action()
    action = Action()
    action.intArray = [int_action]
    self.reward = reward

    # 更新eps
    self.update_eps()

    # 存储数据 (状态、动作、奖励、结果)
    self.store_transition(terminal=False)

    if not self.frozen:
      # 训练实操
      if self.step_counter > self.learn_start:
        self.replay_experience()

    self.last_state = copy.deepcopy(self.state)
    self.last_action = copy.deepcopy(int_action)

    # 传递○位置信息给Agent
    return action

  # 游戏结束时呼叫
  def agent_end(self, reward):
    # 从环境领取奖励
    self.reward = reward

    if not self.frozen:
      if self.reward >= self.r_draw:
        self.win_or_draw += 1
      else:
        self.win_or_draw = 0

      if self.win_or_draw == self.stop_learning:
        self.frozen = True
        f = open('result.txt', 'a')
        f.writelines('Agent frozen\n')
        f.close()
  # 存储数据(状态、动作、奖励、结果)
  self.store_transition(terminal=True)

  if not self.frozen:
    # 训练实操
    if self.step_counter > self.learn_start:
      self.replay_experience()
```

```
def agent_cleanup(self):
  pass

def agent_message(self, message):
  pass

def update_state(self, observation=None):
  if observation is None:
    frame = np.zeros(1, 1, self.bdim).astype(np.float32)
  else:
    observation_binArray = []

    for int_observation in observation.intArray:
      bin_observation = '{0:02b}'.format(int_observation)
      observation_binArray.append(int(bin_observation[0]))
      observation_binArray.append(int(bin_observation[1]))

    frame = (np.asarray(observation_binArray).astype(np.float32)
                    .reshape(1, 1, -1))
  self.state = np.hstack((self.state[:, 1:], frame))

def update_eps(self):
  if self.step_counter > self.learn_start:
    if len(self.replay_mem) < self.capacity:
      self.eps -= ((self.eps_start - self.eps_end) /
             (self.capacity - self.learn_start + 1))

def update_targetQ(self):
  if self.step_counter % self.update_freq == 0:
    self.targetQ = copy.deepcopy(self.Q)

def select_int_action(self):
  free = []
  bits = self.state[0, -1]

  for i in range(0, len(bits), 2):
    if bits[i] == 0 and bits[i+1] == 0:
      free.append(int(i / 2))

  s = chainer.Variable(self.xp.asarray(self.state))
  Q = self.Q.value(s)

  # Follow the epsilon greedy strategy
  if np.random.rand() < self.eps:
    int_action = free[np.random.randint(len(free))]
  else:
    Qdata = Q.data[0]

    if type(Qdata).__module__ != np.__name__:
      Qdata = self.xp.asnumpy(Qdata)

    for i in np.argsort(-Qdata):
      if i in free:
        int_action = i
        break

  return int_action

def store_transition(self, terminal=False):
  if len(self.replay_mem) < self.capacity:
    self.replay_mem.append(
      (self.last_state, self.last_action, self.reward,
       self.state, terminal))
  else:
    self.replay_mem = (self.replay_mem[1:] +
```

```
            [(self.last_state, self.last_action, self.reward, self.state,
              terminal)])

    def replay_experience(self):
      indices =
          np.random.randint(0, len(self.replay_mem), self.batch_size)
      samples = np.asarray(self.replay_mem)[indices]

      s, a, r, s2, t = [], [], [], [], []

      for sample in samples:
        s.append(sample[0])
        a.append(sample[1])
        r.append(sample[2])
        s2.append(sample[3])
        t.append(sample[4])

      s = np.asarray(s).astype(np.float32)
      a = np.asarray(a).astype(np.int32)
      r = np.asarray(r).astype(np.float32)
      s2 = np.asarray(s2).astype(np.float32)
      t = np.asarray(t).astype(np.float32)

      s2 = chainer.Variable(self.xp.asarray(s2))
      Q = self.targetQ.value(s2)
      Q_data = Q.data

      if type(Q_data).__module__ == np.__name__:
        max_Q_data = np.max(Q_data, axis=1)
      else:
        max_Q_data = np.max(self.xp.asnumpy(Q_data).astype(np.float32),
            axis=1)

      t = np.sign(r) + (1 - t)*self.gamma*max_Q_data

      self.optimizer.update(self.Q, s, a, t)


  if __name__ == '__main__':
    parser = argparse.ArgumentParser(description='Deep Q-Learning')
    parser.add_argument('--gpu', '-g', default=-1, type=int,
              help='GPU ID (negative value indicates CPU)')
    args = parser.parse_args()

    AgentLoader.loadAgent(MarubatsuAgent(args.gpu))
```

参 考 文 献

本書の執筆にあたり、特に以下の文献を参考にさせていただきました。
ここに御礼申し上げます。

[1] 岡谷 貴之（2015）『深層学習』講談社

[2] 小高 知宏（2016）『機械学習と深層学習』オーム社

[3] 人工知能学会（2015）『深層学習』近代科学社

[4] 山下 隆義（2016）『ディープラーニング』講談社

[5] 中山 英樹（2015）『深層畳み込みニューラルネットワークによる画像特徴抽出と転移学習』http://www.nlab.ci.i.u-tokyo.ac.jp/pdf/CNN_survey.pdf

[6] Stanford University "Feature extraction using convolution" http://deeplearning.stanford.edu/wiki/index.php/Feature_extraction_using_convolution

[7] Stanford University "Backpropagation Algorithm" http://ufldl.stanford.edu/wiki/index.php/Backpropagation_Algorithm

[8] Jason Cong and Bingjun Xiao "Minimizing Computation in Convolutional Neural Networks" http://cadlab.cs.ucla.edu/~bjxiao/release/CNN_ICANN14.pdf

[9] Hado van Hasselt, Arthur Guez, David S（2015）"Deep Reinforcement Learning with Double Q-learning" https://arxiv.org/abs/1509.06461

[10] Diederik P. Kingma, Danilo J.Rezende（他）（2014）"Semi-Supervised Learning with Deep Generative Models" https://arxiv.org/abs/1406.5298

[11] Diederik P. Kingma, Jimmy Ba（2014）"Adam: A Method for Stochastic Optimization" https://arxiv.org/abs/1412.6980

[12] David H. Wolpert（1992）"Stacked Generalization" Neural Networks, 5:241-259 http://www.machine-learning.martinsewell.com/ensembles/stacking/Wolpert1992.pdf

[13] Emmanuelle Gouillart（著）、打田 旭宏（訳）「3.3 Scikit-image：画像処理」http://www.turbare.net/transl/scipy-lecture-notes/packages/scikit-image/index.html

[14] Sander Dieleman（2015）"Classifying plankton with deep neural networks" http://benanne.github.io/2015/03/17/plankton.html

[15] Sander Dieleman（2015）"kaggle-ndsb" https://github.com/benanne/kaggle-ndsb

[16] Joseph Chet Redmon "YOLO: Real-Time Object Detection" http://pjreddie.com/darknet/yolo/

[17] Guanghan Ning（2015）"Start Training YOLO with Our Own Data" http://guanghan.info/blog/en/my-works/train-yolo/

[18] Rui Zhang（2016）"Darknet (fork repository)" https://github.com/frankzhangrui/Darknet-Yolo

[19] Karen Simonyan, Andrew Zisserman（2014）"Very Deep Convolutional Networks for Large-Scale Image Recognition" https://arxiv.org/abs/1409.1556

[20] Lorenzo Baraldi (2015) "VGG model for Keras" https://gist.github.com/baraldilorenzo/07d7802847aaad0a35d3
[21] Kaiming He (他) (2015) "Deep Residual Learning for Image Recognition" https://arxiv.org/abs/1512.03385
[22] Facebook (2016) "ResNet training in Torch" https://github.com/facebook/fb.resnet.torch
[23] Roberto Ierusalimschy (2003) "Programming in Lua" https://www.lua.org/pil/contents.html
[24] Ching-Wei Wang (2015) "Challenge #2: Computer-Automated Detection of Caries in Bitewing Radiography, Grand Challenges in Dental X-ray Image Analysis" http://www-o.ntust.edu.tw/~cweiwang/ISBI2015/challenge2/
[25] Carlos Ortiz de Solórzano Cell Tracking Challenge (Third Edition)" http://www.codesolorzano.com/celltrackingchallenge/Cell_Tracking_Challenge/Welcome.html
[26] Olaf Ronneberger (2015) "U-Net: Convolutional Networks for Biomedical Image Segmentation" http://lmb.informatik.uni-freiburg.de/people/ronneber/u-net/
[27] Olaf Ronneberger, Philipp Fischer and Thomas Brox (2015) "U-Net: Convolutional Networks for Biomedical Image Segmentation" https://arxiv.org/abs/1505.04597
[28] Marko Jocić (2016) "Deep Learning Tutorial for Kaggle Ultrasound Nerve Segmentation competition, using Keras" https://github.com/jocicmarko/ultrasound-nerve-segmentation
[29] Volodymyr Mnih, Koray Kavukcuoglu (他) (2013) "Playing Atari with Deep Reinforcement Learning" https://arxiv.org/abs/1312.5602
[30] Volodymyr Mnih, Koray Kavukcuoglu (他) (2015) "Human-level control through deep reinforcement learning" http://home.uchicago.edu/~arij/journalclub/papers/2015_Mnih_et_al.pdf
[31] 吉田 尚人 (2015) "DQN-chainer" https://github.com/ugo-nama-kun/DQN-chainer
[32] Brian Tanner and Adam White (2009) "RL-Glue: Language-Independent Software for Reinforcement-Learning Experiments" Journal of Machine Learning Research, 10(Sep):2133--2136 http://www.jmlr.org/papers/v10/tanner09a.html
[33] Frank Seide, Gang Li and Dong Yu (2011) "Conversational Speech Transcription Using Context-Dependent Deep Neural Networks" Interspeech 2011 https://www.microsoft.com/en-us/research/publication/conversational-speech-transcription-using-context-dependent-deep-neural-networks/
[34] Alex Krizhevsky, Ilya Sutskever and Geoffrey E. Hinton (2012) "ImageNet Classification with Deep Convolutional Neural Networks" NIPS 2012 https://papers.nips.cc/paper/4824-imagenet-classification-with-deep-
[35] Fei-Fei Li, Andrej Karpathy and Justin Johnson (2016) "Lecture 7: Convolutional Neural Networks" http://cs231n.stanford.edu/slides/winter1516_lecture7.pdf
[36] L. Fei-Fei, R. Fergus and P. Perona (2004) "Learning generative visual

models from few training examples: an incremental Bayesian approach tested on 101 object categories" CVPR 2004 https://www.vision.caltech.edu/Image_Datasets/Caltech101/

[37] Clement Farabet (2012) "csvigo: a package to handle CSV files (read and write)" https://github.com/clementfarabet/lua---csv

[38] VGG "Department of Engineering Science, University of Oxford " http://www.robots.ox.ac.uk/~vgg

[39] Continuum Analytics "Conda documentation" http://conda.pydata.org/

[40] Scikit-image team "scikit-image docs" http://scikit-image.org/docs/stable/

[41] Stanford Vision Lab, Stanford University "ImageNet" http://image-net.org/

[42] University of Oxford "The PASCAL Visual Object Classes" http://host.robots.ox.ac.uk/pascal/VOC/

[43] Wiki "Comparison of deep learning software" https://en.wikipedia.org/wiki/Comparison_of_deep_learning_software

[44] Stanford University "Neural Network Vectorization" http://ufldl.stanford.edu/wiki/index.php/Neural_Network_Vectorization

[45] Sudeep Raja "A Derivation of Backpropagation in Matrix Form" https://sudeepraja.github.io/Neural/